U0175156

# Romantic Tea and Coffee Time

# 漫食光

## 茶饮店与咖啡店品牌设计

## Branding Design

（哥伦）卡洛斯·加西亚　编

张晨　译



辽宁科学技术出版社

·沈阳·

# PREFACE 1 序一

拿铁、黑咖啡、卡布奇诺、美式、特浓、双份、红眼、葡式、伦戈、玛奇朵、特浓浓缩、馥芮白、阿芙佳朵、昂列、爱尔兰、南瓜香料、黑胡椒、冰块、氮气、法布奇诺、法式压榨、冷饮滴漏和摩卡……咖啡饮品的清单在不断增加、不断发展。在近 10 年的时间里，我的公司为多个咖啡品牌创造独特的装置和艺术品设计，从粉那么浓、OG 咖啡、申报馆，到 Costa 咖世家、Lanna 咖啡、唐恩都乐、Sumerian 咖啡、麦隆咖啡、COFFii & JOY 咖啡等品牌以及最近刚完成的星巴克。

我看到了大趋势，消费者越来越爱咖啡，咖啡变得越来越流行。奇怪而有趣的事实是，我并不是一个喜欢喝咖啡的人！我来自阳光明媚（或者应该说多雨）的不列颠群岛，喜欢喝加奶加糖的好茶（我在欧洲的朋友会嘲笑我，因为这种茶被认为是“婴儿茶”）。咖啡从来都不是能让我产生共鸣的饮品。但在与这么多咖啡品牌合作后，我经常被问到，我是如何想出这么多不同的创意的，为什么创意总能如此独特地代表每个品牌，我到底为什么不喜欢喝咖啡等。

原因就体现在你目前手中这本书里的两个项目中。我为这两个品牌设计和拟定的视觉风格有天壤之别。其中一个项目申报馆坐落在一栋历史悠久的建筑中，历史可追溯到 1872 年，建筑的前身是《申报》的大楼。店主希望创建一个品牌，反映出空间的历史和传统，同时创造一个现代和亲切的日常咖啡店。当我第一次提出申报馆这个名字时，店主就非常喜欢。设计旨在打造一个既有品位又有亲和力的品牌，并在两者之间取得平衡。我使用宽幅报纸作为菜单。为了方便使用，我选择公报式设计，既实用又更加休闲。用于印刷的金属片作为表示男女厕所的标志牌。我为餐具特别设计一些平面元素，比如在餐具边缘印有类似新闻印刷品的设计，在杯子的底部甚至有特别的语录，在喝完咖啡后就会被看到。我甚至在一面老砖墙上进行了手绘，并对艺术品进行褶皱修饰，让人感觉这些字迹是在 100 多年前留下的。实际上，我在两天内就完成了手绘，之后又花了 3 天的时间做褶皱修饰。最终，营造出一种精致又轻松的氛围使顾客想要回访。

另外一个项目是由传奇咖啡师吉姆·李开的咖啡店。在品牌从北京搬到上海后，我帮助它改造品牌形象，并重新设计整个视觉形象，包括定制的艺术装置、制服、菜单和标牌。这位中国和美国混血的店主是一位冲浪爱好者和疯狂咖啡科学家的“混血”，因此我创造了一个带有户外体验的品牌设计，让人联想到逃离城市的感觉。在菜单木板、帽子上的英文单词首字母“OG”，都在诉说着品牌的传统和精神。艺术墙是由 52 块滑板组成的墙面艺术，灵感来自马里布海滩的滑手和冲浪者。整体氛围是一个人们在会议和购物间歇可以闲逛和放松的地方，既恬静又有趣。

以上两个项目，一个是时髦的空间，一个是休闲的空间。两个空间都在上海的城市里，都是提供咖啡的地方，却有着天壤之别。

品牌设计归根结底是我讲述的故事，或是客户告诉我的品牌的故事。当两方会面并讨论项目时，两个故事交织在一起，直到创造出完美的融合。然后，我将品牌的核心故事提炼出来，创造出真正能表达品牌、客户、空间、资产和艺术的设计。虽然单纯只是一杯咖啡，但因此我与如此多的咖啡品牌合作，创造出了不重复且独特的设计。

当我如此热情地谈论咖啡的时候，大多数人可能都已经忘记了我喜欢的其实是茶！

希望你能喜欢这本书，无论你选择喝什么饮料！

Siu Tang（邓绍洪）
呈合创意设计（上海）有限公司创意总监、创始人

中国茶饮和咖啡市场近年来被广泛看好，一方面在于中国人的茶饮消费量有足够大的成长潜力。

另一方面，中国市场的实际咖啡消费处于增长的快车道。根据弗若斯特沙利文咨询公司公开的数据计算，中国咖啡市场规模的增速为 20.2%（2017 年）和 31.1%（2018 年）。而国际咖啡组织公布的世界整体咖啡市场规模的增速仅为 2.5%（2017 年）和 3.4%（2018 年）。

中国咖啡市场规模的增速远高于世界整体水平。 除了咖啡市场，茶饮市场也呈现上涨趋势，虽然在 2020 年受到疫情的影响，市场仍然保持了较好的发展势头。粗略估算，2020 年饮品行业获得融资总额超过 30 亿元。

随着市场份额的不断扩大，消费场景的营造与品牌的打造成了当下市场竞争的依据，前段时间刷屏的“星巴克气氛组”更是把空间服务和门店赢利结合到了一起，品牌设计已然成了茶饮和咖啡市场的重要竞争力。

一个有独特风格的茶饮品牌设计，可以吸引很多人的注意，大量年轻人都会因设计而买单。设计的最终价值是驱动销量提升，那么如何让设计为茶饮品牌赋能，从而提升销量呢？基于服务上百家连锁茶、咖啡店积累的经验和对市场的洞悉，我发现好的设计需要从前期调研、风格定位、用户画像、品牌色彩、竞品分析、元素提取、超级符号、IP 开发、广告语、字体设计、视觉动效、文化提炼、产品调性、精美包装和店面空间等多方面进行全案组合。

对消费者和设计者来说，设计学等于感受学。感受越丰富，印象才能越深刻，所以我鼓励在空间中融合、跨界、混搭，越糅合越多彩，越多彩越精彩。 艺术最大的价值则是提供一种新鲜的视角，艺术是对人类直觉边界的探索实验，是一种新的从未有过的体验和觉醒。 想要获得全新的体验，在设计之初制造艺术矛盾是所有艺术形式的前提。因为只有一个充满艺术矛盾的设计，才能够咚的一下让人注意到，从而吸引消费者进店。

最后，感谢辽宁科学技术出版社进行资源整合，将这本书出版，希望能为行业内的读者带来对品牌、设计、文化更好的认识与思考。

赵红岩

北京再作品牌管理有限公司创始人

# PREFACE 2 序二

# 目 录
Contents

## TEA SHOP
## 茶店

# COFFEE SHOP
# 咖啡店

TEA SHOP
茶店

Taipei, China

# Maybe

## 也许饮品店 / 中国，台北

### 简约精致的品牌认知

这是台北市东区的一家水果饮料店。店主坚持不计成本，用 100% 的新鲜水果现场制作，为顾客提供最优质的饮品。受店主委托，设计团队完成从品牌标识到冷饮杯、热饮杯、杯托、饮品单、DM 广告、价格表、招牌等相关内容的设计，为店铺打造完整的品牌形象。

**设计机构：**AWDA **客户：**也许饮品店

MAYBE
MAYBE
MAYBE
MAYBE

店铺的设计旨在展示一种明亮时尚的视觉风格，以吸引年轻的消费群体。设计团队故意避免采用果汁店常见的水果图案。设计团队通过删除部分线条来改变品牌名称的字体，让品牌名称看起来像水果的果肉一样，向消费者传达简约精致的品牌认知。

MAYBE
時尚水果飲品
地址\台北市大安區敦化南路一段190巷38號
電話\(02)2741-8778

maybe
we are meant
to be
M

Cagayan de Oro, the Philippines

# Chingkeetea

## Chingkeetea 奶茶 / 菲律宾，卡加扬德奥罗

### 以关键视觉点记录店铺的春夏秋冬

Chingkeetea 奶茶主打卡加延德奥罗正宗奶茶，所用原料直接采购自中国台湾。众所周知，中国台湾是奶茶的发源地。这家不起眼的奶茶店于 2012 年开业，到 2020 年已经发展到 5 家实体茶馆。

新增加的分店采用焕然一新的视觉形象，为更真诚的品牌塑造提供机会和想象空间。

**艺术指导与设计：**Uncurated 设计工作室

AUTHENTIC TAIWANESE MILK TEA
hello!
chingkeetea
Pimentel Residence, Pabayo-Hayes Sts.
Grand Central Bldg., Pabayo-Hayes Sts.
Cagayan de Oro City
+63-935-5542-916 / +63-917-7926-886
www.chingkeetea.com

chingkeetea
Sharee Mae Uy Te
Owner
DELIVERY
DELIVERY
DELIVERY
MENU
chingkeetea
ADD-ONS
Strawberry
Blueberry
Caramel
Vanilla
Taro
Oreo
Green Apple
Honeydew
Mullberry
Strawberry
Blueberry
COFFEE SERIES
Java Chip
Cappuccino
Mocha
CALL US
+63-935-5542-916
+63-917-7926-886
Pimentel Residence, Pabayo-Hayes Sts.
Grand Central Bldg., Pabayo-Hayes Sts.
Cagayan de Oro City
hello!
Thank You!
AUTHENTIC TAIWANESE MILK TEA
chingkeetea

自分店成立以来，Chingkeetea 奶茶一直将其品牌定位于客户的各种故事，关于胜利、失败、爱情和友谊。为了在视觉上传达这一点，设计团队将旧标识中的丰富色彩简化为单一颜色，并保留标志性的叶子剪影，作为展示不同视觉效果的窗口。每家分店的设计都有一个独特的关键视觉点，记录店铺的春夏秋冬。

DELIVERY
DELIVERY
DELIVERY
chingkeetea
Strawberry
Blueberry
Caramel
Vanilla
Chocolate
Taro
Oreo
Honeydew
Green Apple
Honeydew
Mullberry
Strawberry
Blueberry
COFFEE SERIES
Java Chip
Cappuccino
Mocha
P65 MEDIUM P75 LARGE
ADD P10 IF YOU WANT IT BLENDED
P10, P15, P25 FOR ADD-ONS
ADD-ONS
Pearls
Noodles
Nata de Coco
Egg Pudding
Chocolate Pudding
Baby Pearls
Coffee Jelly
Popping Bobba
Aloe Vera
Oreo
Ice Cream
Rock Salt & Cheese
@chingkeetea

DELIVERY
DELIVERY
DELIVERY
MENU
MENU
MENU
chingkeetea
MILK TEA
Wintermelon
COFFEE
CALL US
Pimentel Residence, Pabayo-Hayes Sts.
Grand Central Bldg., Pabayo-Hayes Sts.
Cagayan de Oro City
+63-935-5542-916
+63-917-7926-886
www.chingkeetea.com

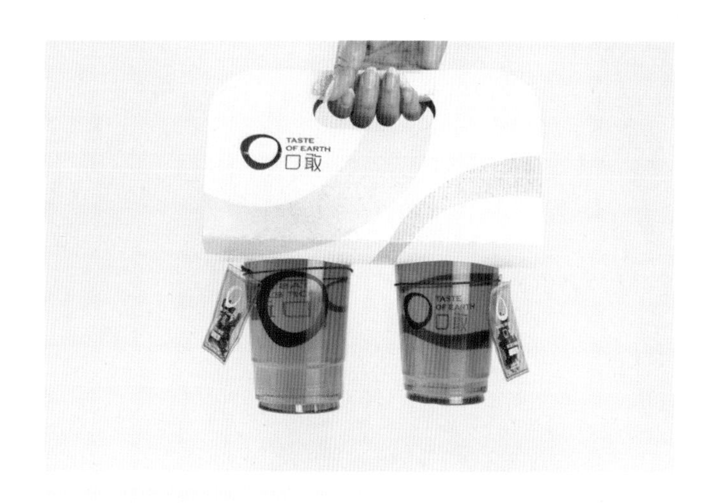


Guangzhou, China

# Taste of Earth

口敢 /
中国，广州

简洁的字体设计与纯净的茶

01234
56789

店主带着一颗充满活力的心和一个雄心勃勃的目标创立这个品牌——为顾客提供最纯净和健康的饮料。Box品牌设计有限公司为品牌打造了一个富有创意、大胆的品牌概念，帮助顾客拥有更快乐的心情。品牌理念通过独特的客户沟通方式展现出来——每个人都有权利获得真正有营养的食物。

**设计机构**：Box品牌设计有限公司 **设计总监**：卢伟光 **艺术总监**：钟澍洁 **设计师**：卢伟光，梁蒨雯 **文案**：叶文婷，王艺臻 **战略设计**：叶文婷，王艺臻 **客户**：口敢

TASTE OF EARTH
口 敢
TASTE OF EARTH
口 敢
27
TASTE OF EARTH
口敢

TASTE OF EARTH
口敢
05
TASTE OF EARTH
口敢
关注官方微信
口敢

London, UK

# Biju

Biju 奶茶店 /
英国，伦敦

明亮、开放的社交空间

Biju 奶茶店制作的是能让口味挑剔的人满意的珍珠奶茶饮品。Biju 奶茶店的创始人发现有机会可以打造出一种更新鲜、更健康的珍珠奶茶：用牛奶取代奶精冲泡每种新鲜茶叶，杜绝使用人工添加剂。他在研究后制作出一种优于竞品，更有味道、更新鲜的饮料。ico 设计公司想出一个能捕捉这种新鲜感的名字和形象，不仅吸引独具慧眼的受众，同时也突出喝奶茶是一种有趣的体验。

**品牌设计与艺术指导：**ico 设计公司
**摄影：**尼克·汤普森 **客户：**尼古拉斯·潘

**Fresh Organic Milk, Always**

Never powdered creamer.

**Fresh Brewed Not Stewed**

Every tea is made fresh when you order it.

**Fruit Nectar**

Others use powders, Biju goes to the source.

**Top It Off In Style**

Pearls, jellies or seeds? It's your choice.

**No Nasties**

Made without artificial flavouring or sweeteners.

店铺的室内设计由 Gundry+Ducker 公司完成，与品牌设计完美呼应，创造出一个明亮、开放的社交空间。在社交媒体上的名人和博主都对 Biju 奶茶店大加赞赏，由此推高了客流量。

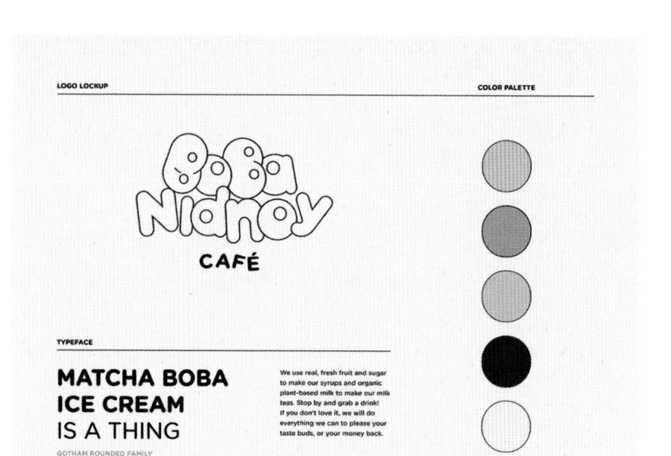


Bangkok, Thailand

# Boba Nidnoy Café

## 波巴・尼德诺伊饮品店 / 泰国，曼谷

有趣和友好的个性

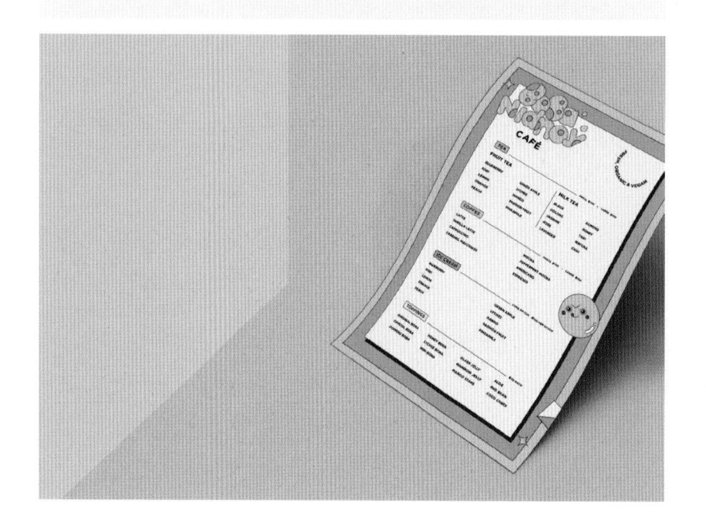


这是位于曼谷时尚街区的一家饮品店，主打奶茶、手工咖啡和冰激凌产品，特别强调有机的、本地生产的珍珠和全素原料。这家具有开拓精神的店铺为产品树立了新标准。

视觉形象的设计目标是从曼谷已经饱和的奶茶咖啡店市场中脱颖而出。品牌形象设计通过活泼的品牌标识和明亮的色彩搭配传达有趣和友好的个性。设计团队还开发了颇具吸引力的角色和插画，整体感觉流畅，有动态感。

**设计师：**基塔亚·特雷斯安格拉特

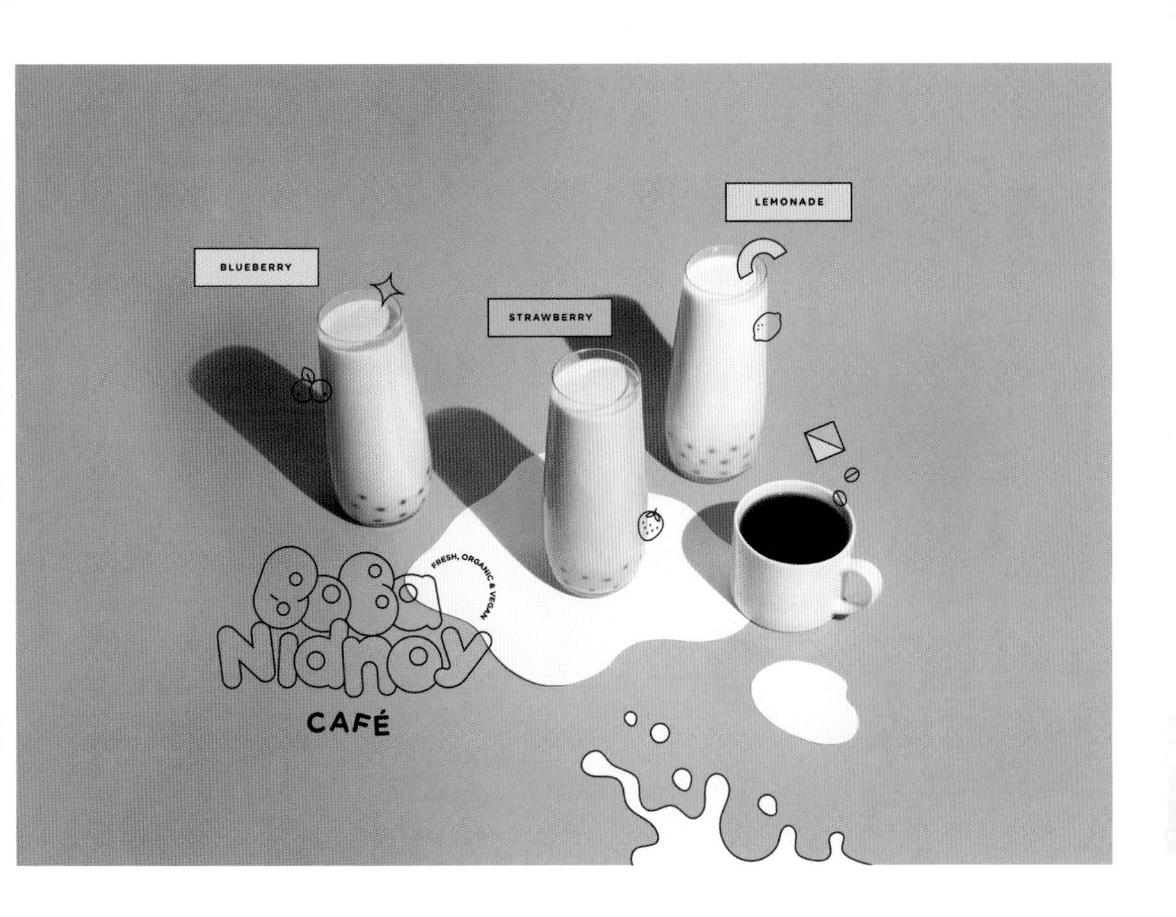
BLUEBERRY
STRAWBERRY
LEMONADE
FRESH, ORGANIC & VEGAN
BoBa
Nidnoy
CAFÉ

YOU'RE CUTE & SWEET.
NIDNOY BUT AROY.
BoBa
Nidnoy
CAFÉ

CAFÉ

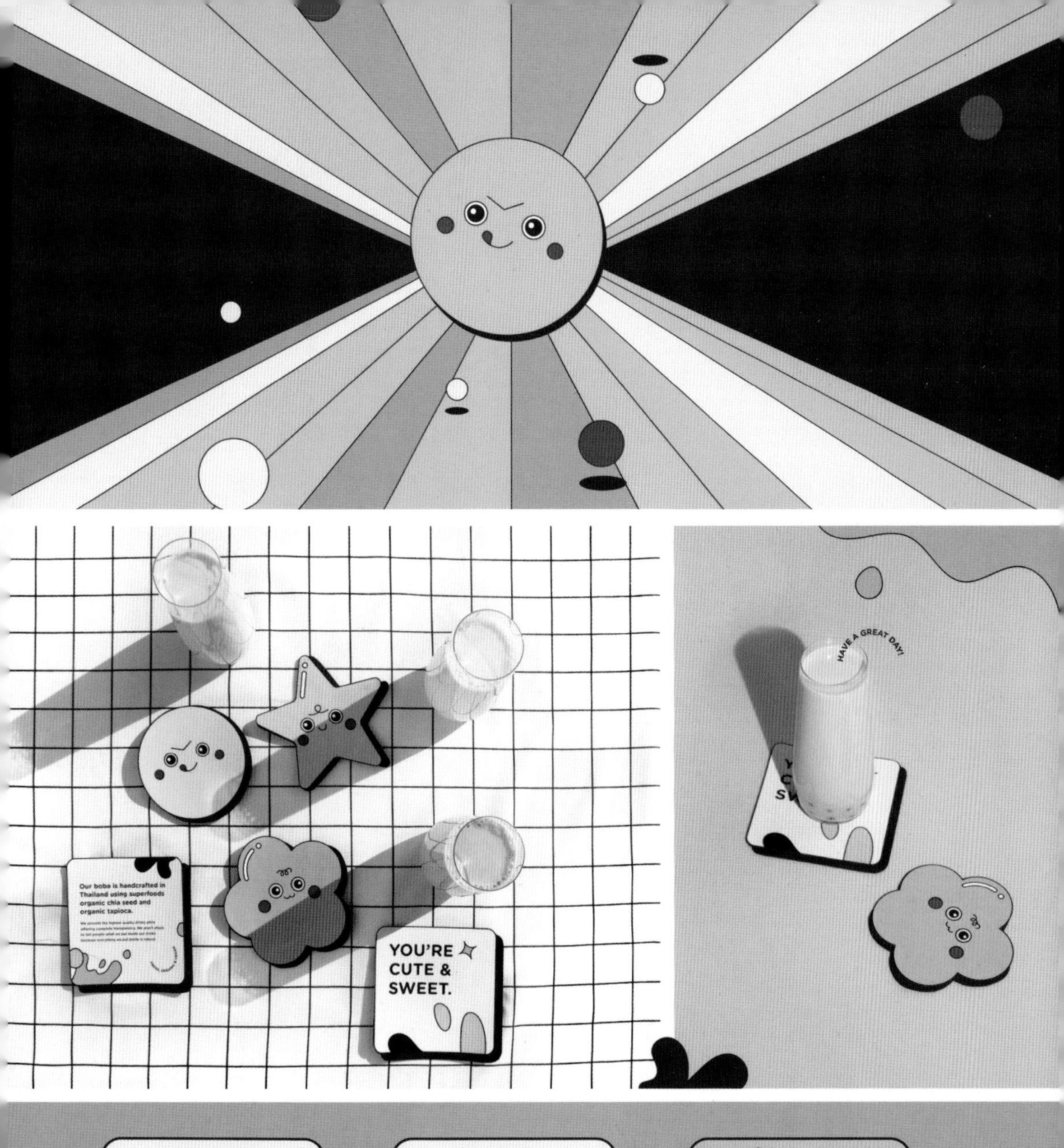
HAVE A GREAT DAY!
Our boba is handcrafted in Thailand using superfoods organic chia seed and organic tapioca.
YOU'RE CUTE & SWEET.

BoBa Nidnoy
FRESH, ORGANIC & VEGAN
CAFÉ
ORDER HERE
TEA →
COFFEE →
ICE CREAM →

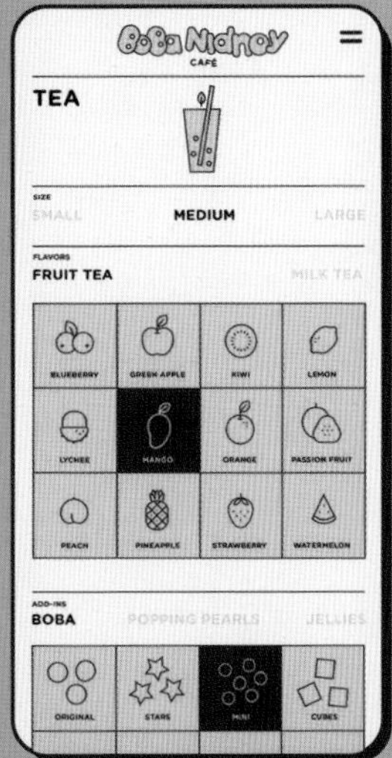
BoBa Nidnoy
CAFÉ
TEA
SIZE
SMALL
MEDIUM
LARGE
FLAVORS
FRUIT TEA
MILK TEA
BLUEBERRY
GREEN APPLE
KIWI
LEMON
LYCHEE
MANGO
ORANGE
PASSION FRUIT
PEACH
PINEAPPLE
STRAWBERRY
WATERMELON
ADD-INS
BOBA
POPPING PEARLS
JELLIES
ORIGINAL
STARS
MINI
CUBES

BoBa Nidnoy
CAFÉ
OUR INGREDIENTS
FRESH, ORGANIC & VEGAN
We use real fruit and sugar to make our syrups and organic plant-based milk to make our milk teas. Stop by and grab a drink! If you don't love it, we will do everything we can to please your taste buds, or your money back.
ORDER NOW →
99/147-148 Soi 11 Ramkumhaeng 118, Bangkok 10402
Mon - Sun: 10-8
(081) 611-1144

London, UK

# Roots & Bulbs

## 根与鳞茎饮品店 / 英国，伦敦

“不引人注目”的方案

冷榨果汁艳丽的颜色需要配合一个简单的品牌形象。设计团队设计了一个大胆而“不引人注目”的方案，直接将品牌形象设计印在透明的瓶子上，这样饮料就能自己“说话”了。

巧妙的命名系统是受元素周期表的启发而设计的，品牌配色看起来有匠人风采。

**设计机构：**机器人食品设计 **设计师：**根与鳞茎饮品店 **摄影：**根与鳞茎饮品店 **客户：**根与鳞茎饮品店

THE SMOOTHIE BAR
OPTIC

ROOTS & BULBS
Simply
COCONUT WATER
ROOTS & BULBS
C1
CARROT
Cold Pressed Juice
ROOTS & BULBS
C2
CARROT
ROOTS & BULBS
G1
GREENS
Cold Pressed Juice
ROOTS & BULBS
G2
GREENS
Cold Pressed Juice
G3
GREENS
Cold Pressed Juice

Mexico City, Mexico

# Tomás

## 托马斯茶馆 / 墨西哥，墨西哥城

### 现代与传统之间的平衡感

这是一间精心策划的茶馆，描绘了每一种产品原产地的历史、传统和文化。店名托马斯取自茶叶的现代历史中一个重要的人物——名叫托马斯·沙利文的纽约商人。他将茶叶用一个个小袋小心地包裹起来，开创了商业茶包的专利。

通过简单而干净的品牌形象设计，设计师将喝茶描绘成一种体验，一种通过气味和味道感受的体验，一种有益于身心健康的体验。设计的灵感来自特别的生活方式，并围绕着每天喝茶的仪式，开发出一个复杂的图形系统，可以用来识别托马斯的所有产品，将其分类并强调它们的起源、关键属性和好处。

**设计机构：**Savvy 工作室 **摄影：**亚历杭德罗·卡塔赫纳

# Tomás

Tomás
Tomás
Denisse Díaz G.
Tomás

Tomás
Casa Editora de Té
Denisse Díaz G.
MANAGER
Cel. +52 (55) 2899 3399

室内设计将与饮茶文化相关的浪漫元素重新诠释为一种现代陈设，所用配色体现了各种混合茶饮。设计传达的是一个在知识和理解层面上的复杂仪式，每个客户都可以创造属于他们自己的环境和时刻。主室用来对产品和气味做介绍，茶包装在很大的锡容器里，用专门开发的图形语言统一编码。店里还有一个体验式酒吧，顾客可以在这里检验和享受各种香味，更熟悉托马斯混合茶的颜色、质地以及成分的详细的信息。

整个室内空间洋溢着家的感觉，这种感觉在茶室里尤其明显。家具结合木材、陶瓷和皮革等材料，通过精心制作以提升产品的价值和功能。墙壁上有一系列手工绘制的插画，从文化、生产和消费的角度描绘茶的概念，这与其他的复古元素一起，传达一种在现代与传统之间的平衡感。所有的文字都是为了让托马斯的品牌体验变成一场真正的、穿越情感和信息世界的茶的旅程，和消费者一起，创造关于幸福和归属感的个人故事。

Taipei / Hong Kong, China

# Next Battle

下战帖 /
中国，台北 / 香港

英雄式茶饮风格

以“战帖”为设计灵感，塑造英雄式的茶饮风格，结合拳击手套的元素作为品牌周边。色调以黑、白、金呈现精品时尚，连接品牌调性——街头、年轻化。主视觉以简约的矩形线条绘制，完美的线条比例象征职人精神。

**设计机构：**SUMMER CODE 广告公司
**艺术总监：**谢伟国 **客户：**下战帖 **摄影：**Tao Studio 工作室

NEXT BATTLE
下站帖 BOBA MILK SHOP

I DARE YOU! FIGHTEA!
Next Battle
N
B
Battle
Spirits
BATTLE
Battle
NEXT BATTLE
下站帖 BOBA MILK SHOP
Battle Tea, I dare you!
Spirits
make yourself proud
Fightea
BOBA MILK SHOP
great courage
FIGHTEA
Battle Tea, I dare you!
NEXT BATTLE
Fight for best tea battle spirits

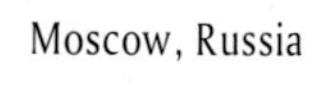

Moscow, Russia

# Pims

## PIMS 饮品店 / 俄罗斯，莫斯科

### 以插画营造氛围

Pims 出售可以影响顾客情绪和口味的饮料。以自然成分为基础的茶经混合后形成纯净的口味。每种茶饮口味都有自己的特点，这一点已经在菜单上有所体现。Pims 是一个品牌，代表一系列饮料，也是人们进入茶饮世界的有趣指南。设计希望品牌不那么严肃，希望给喝茶赋予意义。Pims 希望把拥有共同价值观的自由现代的人们聚集在一起。“伙计们，让我们认识一下吧！”

**设计机构：**Choice 创意工作室 **创意总监：**埃里克·穆辛 **艺术总监：**阿列克谢·扎多罗日尼 **插画与平面设计：**埃琳娜·阿斯塔霍娃 **CGI 与动态设计：**蒂莫菲·波潘多普洛

INSTAGRAM
PIMSTEA
PIMS
PIMS

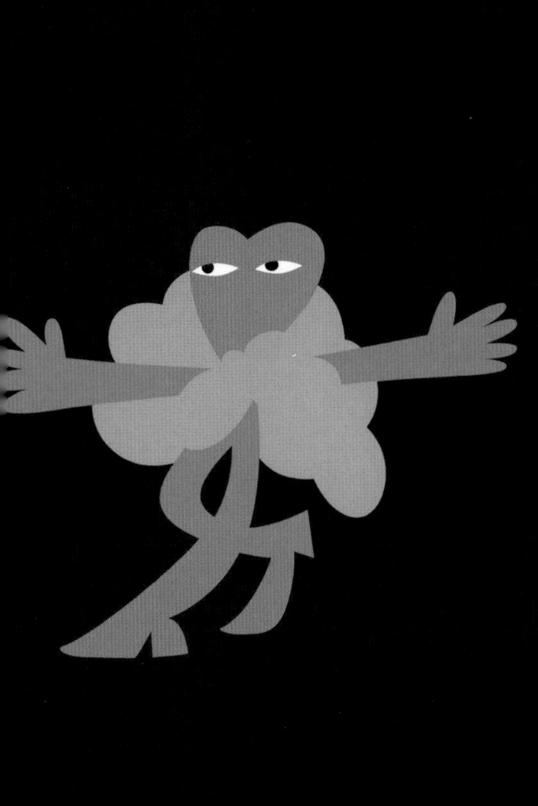

INSTAGRAM
PIMSTEA
PIMS

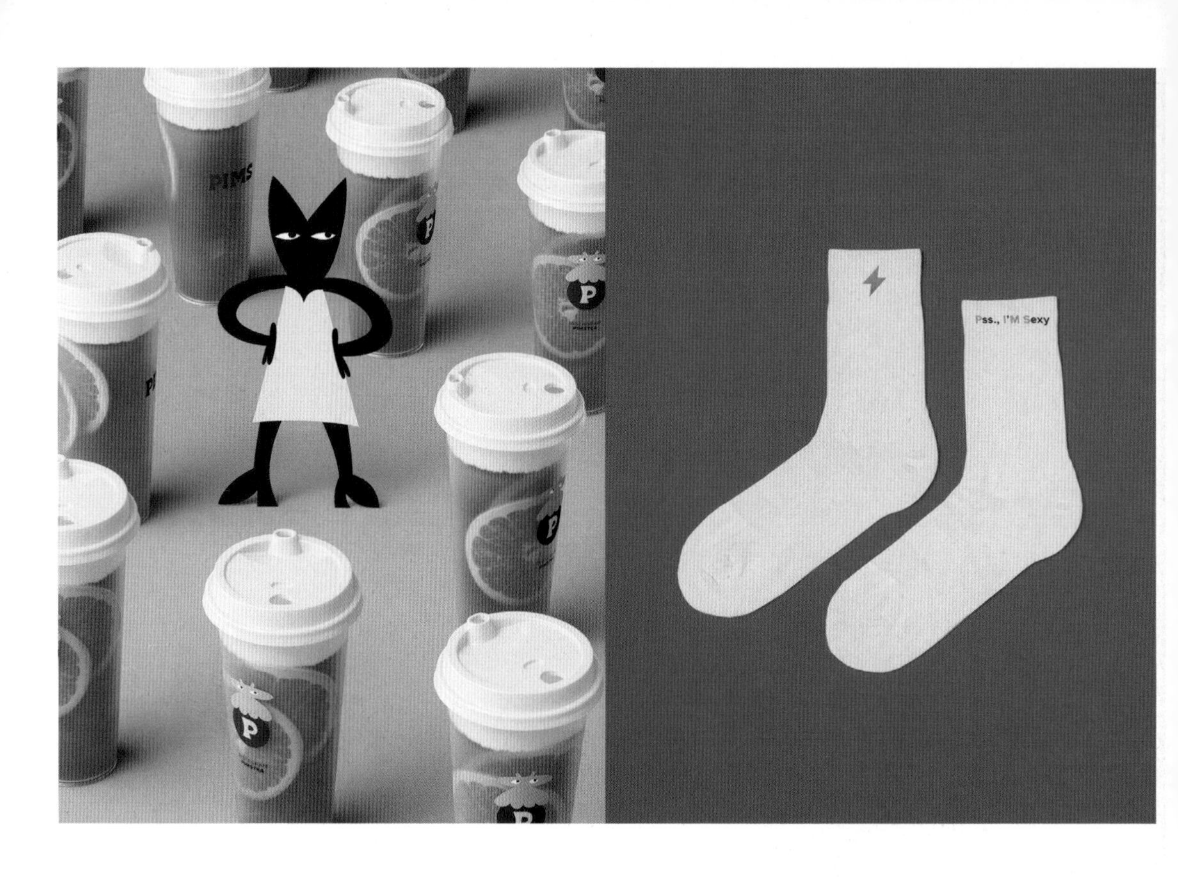
PIMS
Pss., I'M Sexy

Pss., I'M Social
P
INSTAGRAM
PIMSTEA
PIMS
ОСВЕЖАЮЩИЙ
ЧАЙНЫЙ НАПИТОК
PIMS
PIMS

Taipei, China

# Newer Day

纽尔茶苑 /
中国，台北

以日历为设计灵感

品牌以日历为设计灵感：每天都是新的一天，啜饮着茶汤，品尝其中的滋味。以圆润的笔法结合叶脉的造型绘制标准字，以简约的线条呈现主视觉，象征茶汤的纯净，撕开 365 天每天都不同的好茶日志，让饮品陪伴消费者度过每一天。

**设计机构：**SUMMER CODE 广告公司 **艺术总监：**谢伟国 **客户：**纽尔茶苑 **摄影：**Tao Studio 工作室

365
Taste Good
NEW TASTE OF TEA
NEW POINT OF VIEW
Sun Mon Tue Wed Thu Fri Sat
紐爾
茶苑
Happy Daily Routine
M T W T F S

紐爾
茶苑
365
NEWER
COUPON
40

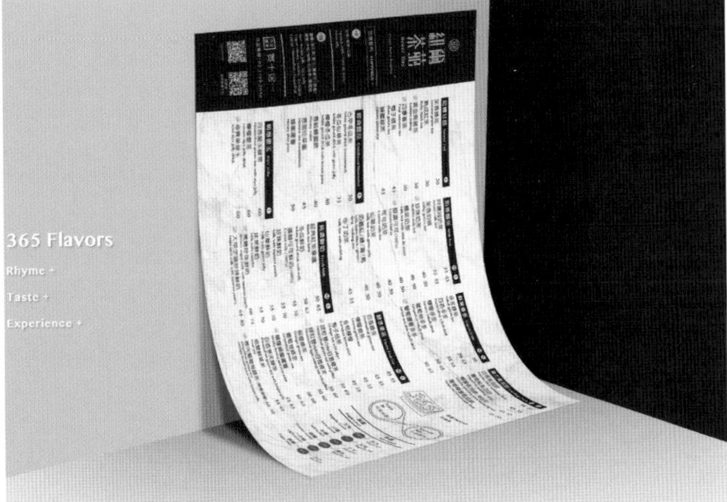
365 Flavors
Rhyme +
Taste +
Experience +

紐爾茶苑
Newer Day
NEW OPENING
Sun Mon Tue Wed Thu Fri Sat

365 Flavors
Rhyme +
Taste +
Experience +
Newer Day
紐爾特調，
用時間，沖泡經典。
以獨家茶飲美學，
調製新鮮的好滋味。

Mon Tue Wed Thu Fri Sat
8760
hr.
茶葉純釀
525600
min.
手萃堅持
紐爾茶苑
Newer Day

鮮萃果茶
紐爾茶苑
Flavor Fruit Tea
紐爾鮮果茶
Newer Fruit tea
NT 55 M
65 L

純濃鮮奶
紐爾茶苑
Fresh Milk
抹茶鮮奶
Milk with matcha
NT 65 M
80 L

純濃鮮奶
紐爾茶苑
Fresh milk
焦糖珍珠鮮奶
Caramel milk with tapioca pearls
NT 60 M

純濃鮮奶
紐爾茶苑
Fresh Milk
大甲芋頭珍珠鮮奶
Daja taro milk with tapioca pearls
NT 65 M
80 L

NEW TASTE OF TEA.
NEW POINT OF VIEW.
紐爾茶苑
Newer Day
Newer Day

Taichung, China

Omi

原味系好茶 /
中国，台中

从简单中体悟舌尖上的美好

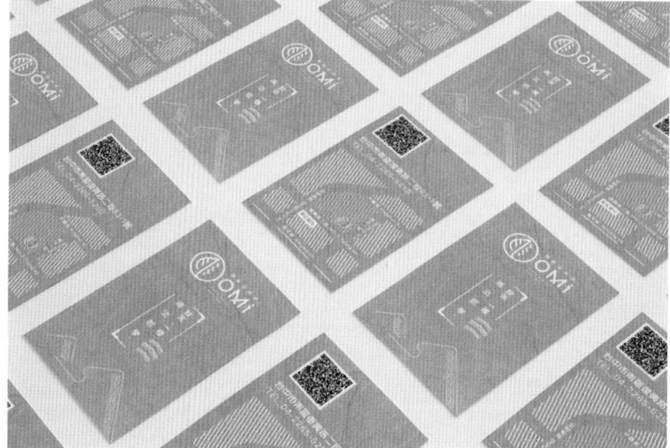

品牌以减法哲学“less is more”（少即是多）为设计灵感，萃取叶脉间的精华，结合茶汤的本质——纯粹、天然，以圆的形态汇集茶汤精华，主视觉带顾客从简单中体悟留在舌尖上的美好。

**设计机构：**SUMMER CODE 广告公司
**艺术总监：**谢伟国 **客户：**原味系好茶
**摄影：**Tao Studio 工作室

製·茶·哲·學

純粹飲。
original
drink

職人作。
master
craft

趣生活。
idea
life

台中市南區復興路二段73-1號
T_04-0000-0000

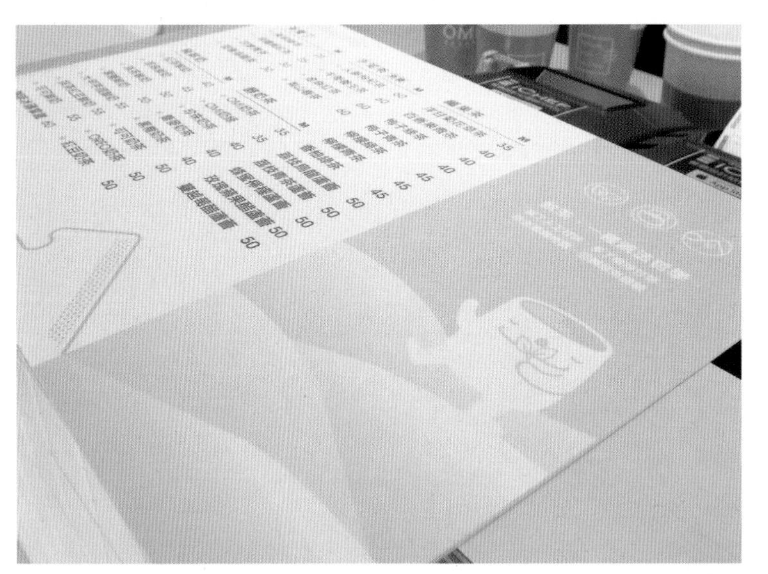

OMi
OMi

OMi
原味茶好茶

徵棒
有你的加入！！
OMi
Good day to drink tea!
儲備幹部
(薪28000-35000)
早晚班工讀
(薪135-150/H)
洽 胡先生 0970-766-825
coming soon
OPENING
HALF PRICE
Say Cheers With Tea
10/4(三)~10/7(六)
11:00-19:00
來店消費
第2杯半價
珍珠奶茶 百香果青茶
梅子綠茶 梅子青茶


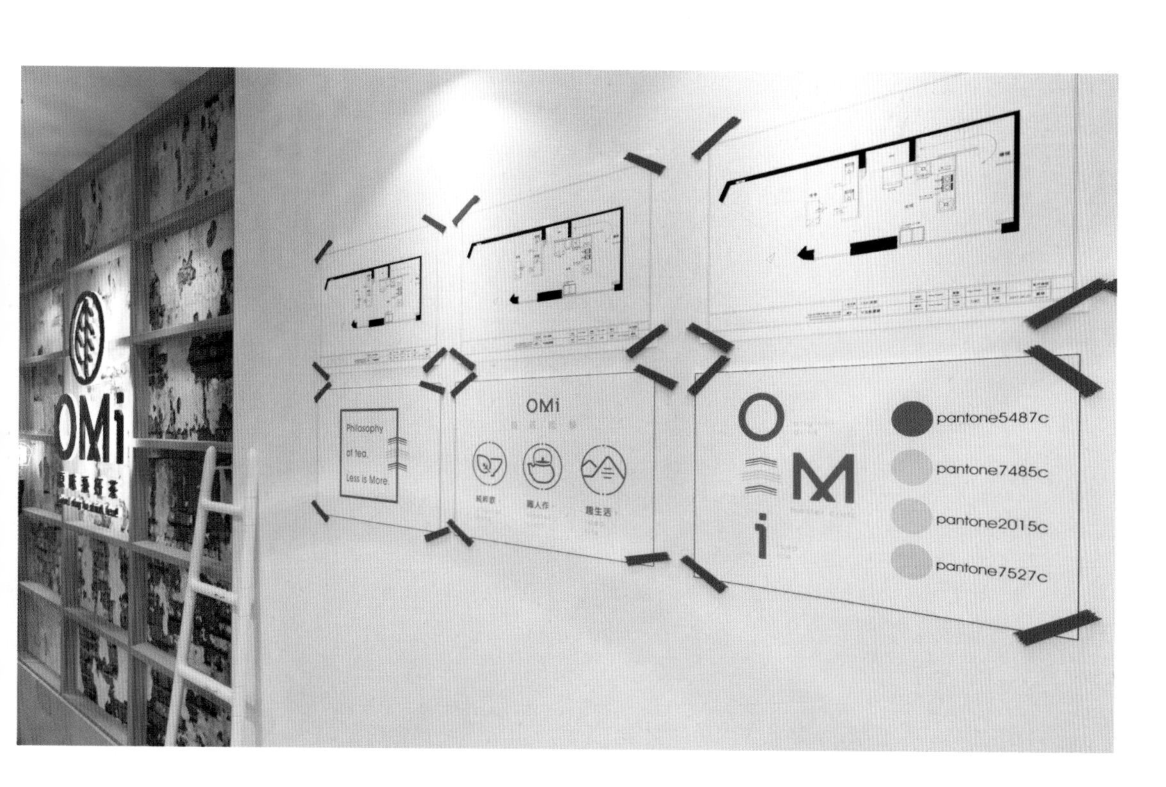

OMi
Philosophy of tea. Less is More.
OMi
pantone5487c
pantone7485c
pantone2015c
pantone7527c

Taichung, China

# Countea

## 卡帝奶茶 / 中国，台中

英伦绅士风范

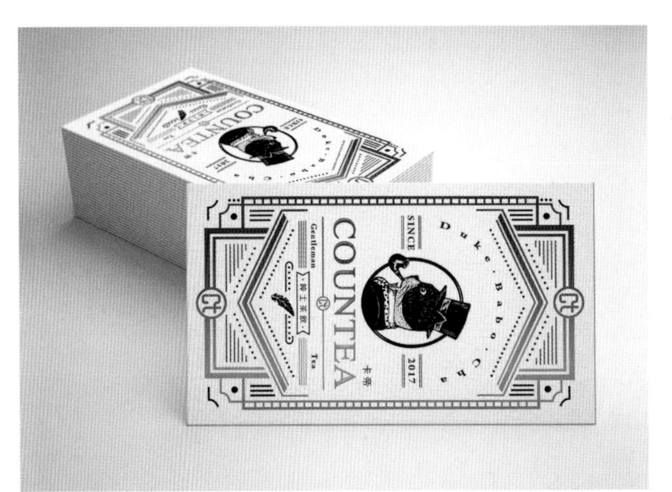

品牌以英伦绅士风范为设计灵感，色调以靛蓝搭配金色呈现精品质感风格，品牌吉祥物——绅士猫作为主视觉。绅士猫形象鲜明，叼着烟斗，穿着笔挺的西装，系着领结，仿佛品味过每道茶汤的精华。运用简约的线条绘制周边，呈现华丽优雅的视觉形象。

**设计机构**：SUMMER CODE 广告公司 **艺术总监**：谢伟国 **客户**：卡帝奶茶 **摄影**：Tao Studio 工作室

Gentle
Reminders
皇家小提醒
座位區使用需知
爲體恤消費完等待的顧客
此區座位區優先
提供給購買飲品的顧客
卡帝 謝謝您的配合
Tea for two!
Being a gentleman never with
BA
Please
have some tea.
Always time
for tea.
BO
CHA
Gentle tea for the soul.
Being a gentleman
never with out of tea.
COUNTEA

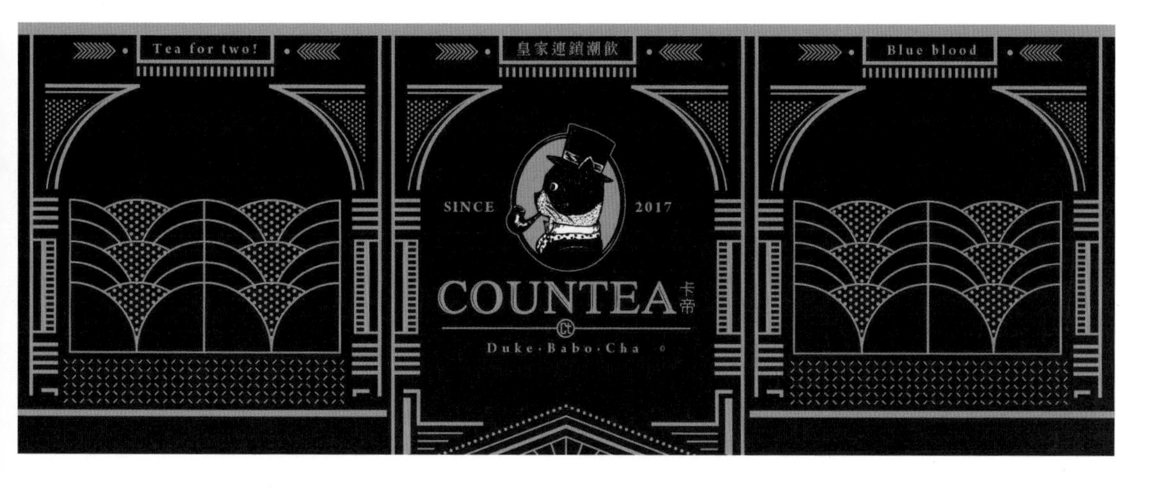
Tea for two!
皇家連鎖潮飲
Blue blood
SINCE
2017
COUNTEA
卡帝
Duke·Babo·Cha

COUNTEA
御苑惹花惹草
Royal Garden Lyme Mint Tea
Duke
Babo
Cha
Being a gentleman
never with out of tea.
COUNTEA

Gentry Fruit
Jazz Fruit Countea
卡帝果爵士
$75
Countea Fruit Tea
豐盛新鮮的鮮果，
搭配純手工熬製鳳梨醬與百香果，
酸甜滋味與青茶完美調和。
COUNTEA
Fruit Tea
CT
Gentle tea
for the soul.

Royal Badges
Countea Latte
紅獅拿鐵紅花瓣寶石
$70
Red Lion Black Tea
Bubble Latte
濃郁香醇的鮮奶與紅茶為基底，
撒上繽紛色澤的花瓣珍珠，
散發如紅寶石般耀眼光芒。
COUNTEA
Latte
CT
Gentle tea
for the soul.

COUNTEA
Duke·Babo·Cha
Gentle tea for the soul.

Milan, Italy

# Boba

## Boba 珍珠奶茶 / 意大利，米兰

### 北极熊主人

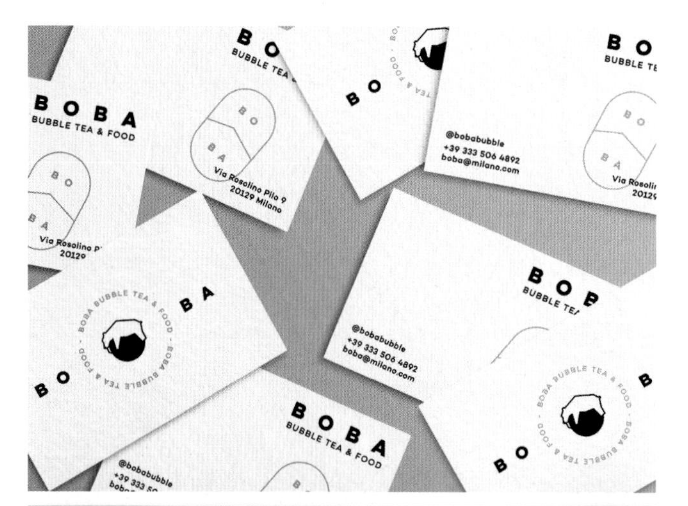

设计师受邀为米兰的一家小店 Boba 珍珠奶茶打造一个品牌形象，店主希望重塑经典的珍珠奶茶店形象。

这个新概念是将来自中国台湾的正宗珍珠奶茶与来自不同文化的正宗街头小吃结合在一起。设计师选择把北极熊作为主形象，让它变成品牌标识中力量和简洁的象征。

**创意设计师：**伊丽莎白·韦多瓦托，洛伦佐·梅坎蒂

BOBA BUBBLE TEA & FOOD
B O
B A

BOBA BUBBLE TEA & FOOD
B O
B A
BOBA BUBBLE TEA & FOOD - BOBA BUBBLE TEA & FOOD -

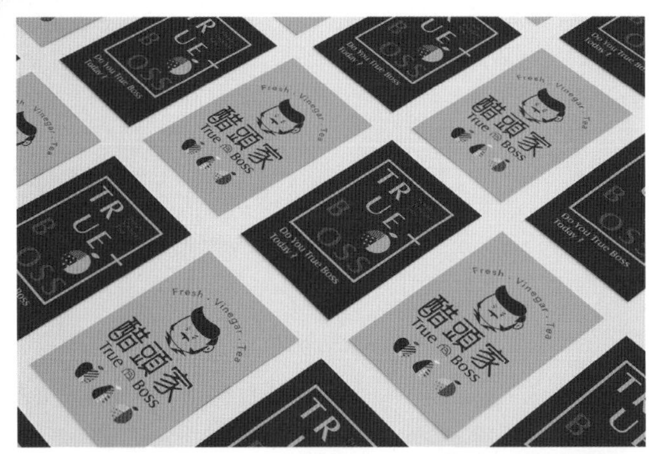

# True Boss

**醋头家奶茶 /**
**中国，香港**

**以生动的形象传达产品**

设计以鲜明的人物性格作为架构，连接清新、年轻的品牌形象，生动的表情与产品（酵醋）做结合。色调以蓝、黄为主，体现品牌的精神活力，用 100% 纯酿，给身体注入满分能量。

**设计机构：**SUMMER CODE 广告公司
**艺术总监：**谢伟国 **客户：**醋头家奶茶
**摄影：**Tao Studio 工作室

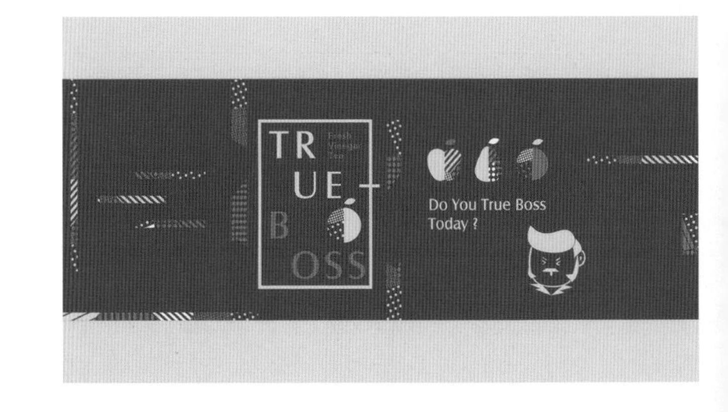

TRUE BOSS
TR
UE
B
OSS
ENZYME
MILK
TEA

ENZYME · MILK · TEA
TRUE BOSS
醋頭家

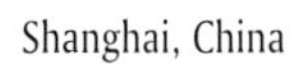


# More Cheers

**茉沏人文茶饮 /**
**中国，上海**

**以山形入壶，绽现茶山滋味**

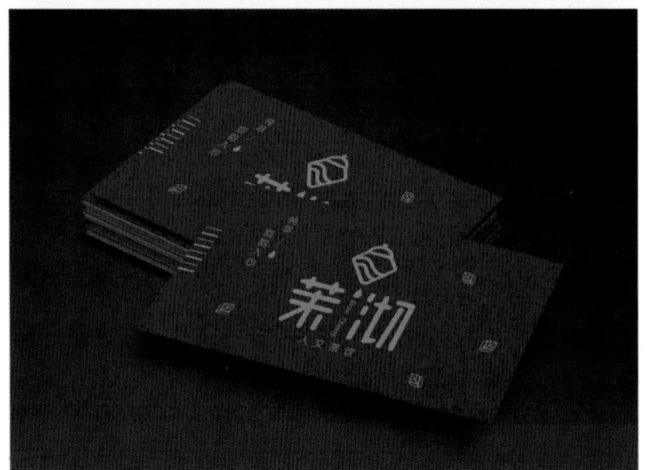

品牌以萃取精华为设计灵感，以山形入壶，绽现茶山滋味，清新、纯粹，茶壶的造型象征品牌包容性。茶汤入喉的甘美，简单又如此美好。

**设计机构**：SUMMER CODE 广告公司
**艺术总监**：谢伟国 **客户**：茉沏人文茶饮 **摄影**：Tao Studio 工作室

BE PURE
BE NATURAL
一奶盖茶一
厚香回甘绵密细致的口感
带给味蕾不思议的香浓诱惑
一葡萄柚一
馥郁熟成的鲜甜果香
展现季节风味的华丽滋味

茉沏
人文茶饮

Taipei, China

No Need to Say

默沫手作饮品 /
中国，台北

日式风格人物形象

默沫为中国台湾本土品牌，出售纯手工制作的茶饮，品牌创始人想传达“品质仅在茶中，不必多说”的品牌理想。目标人群锁定年轻消费人群，品牌创始人希望打造个性的、潮酷的现代简洁风格，做一个纯正的手作饮品品牌。

品牌标识设定为一个捂着嘴的栗子头“囧脸男孩”，手的动作不仅突出“默”的品牌概念，也突出“手作”的品牌特征，用日式风格的人物形象作为品牌的超级符号。辅助图形以“默”为出发点，传达“你想要的，不必多说”，挖掘“默”的手势，反复传达品牌概念，让品牌态度更加深入人心。

**设计师**：黄承辉 **摄影**：黄承辉 **客户**：范小姐

no
need to
say
默沫
手作飲品
no need
to say

HUSH!
默沫
no
need to
say
Hand made
drinks
手作飲品
MADE IN TAIWAN
HUSH
手作飲品
no need to say

默沫
手作飲品
no need to say
menu

no need

no
need to
say

HUSH!
默沫
no need to say
Hand made drinks
手作飲品
MADE IN TAIWAN
來自台灣
你想要的 不必多說!

HUSH!
默沫
no need to say
Hand made drinks
手作飲品
MADE IN TAIWAN
來自台灣
你想要的 不必多說!

no need to say
默沫 手作飲品
no need to say
no need to say
默沫
默
hush

Changsha, China

# 7Day

**原浆 7Day/**
**中国，长沙**

**7 个水果与超人造型**

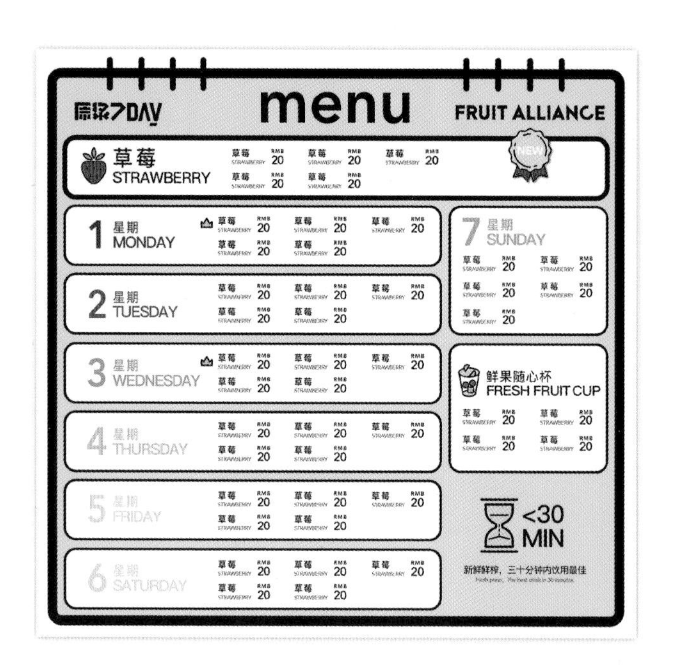


原浆7DAY®

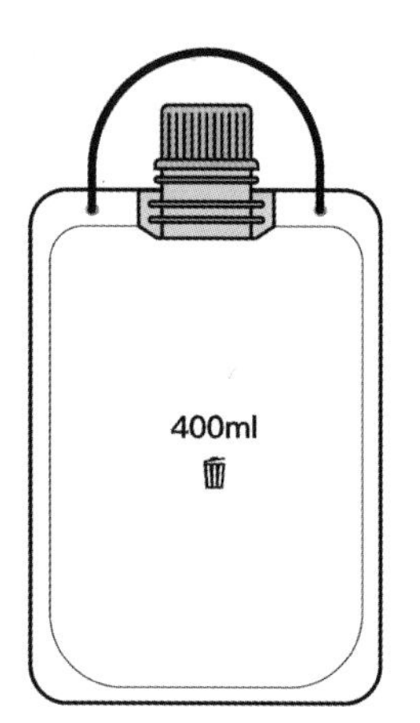

标识择取“7”为品牌识别符号，鲜榨果汁技术含量低，所以容易复制与抄袭。以 7 个工作日为灵感，设计师建立一套完整的关于果汁的健康管理系统，以 7 天课程表的形式呈现主打混合果汁系列，均衡水果的营养与口味，深入研究每款混合果汁中的营养含量，传递给顾客。懒人则只需要根据课程表选购当日推荐的果汁。在“水果超人联盟”品牌概念中，辅助图形以 7 个水果与超人造型的完美融合，让品牌更加深入人心。

**设计师：**黄承辉 **客户：**王先生

Fruit that
can be
drunk
FRUIT ALLIANCE

BOTTLE

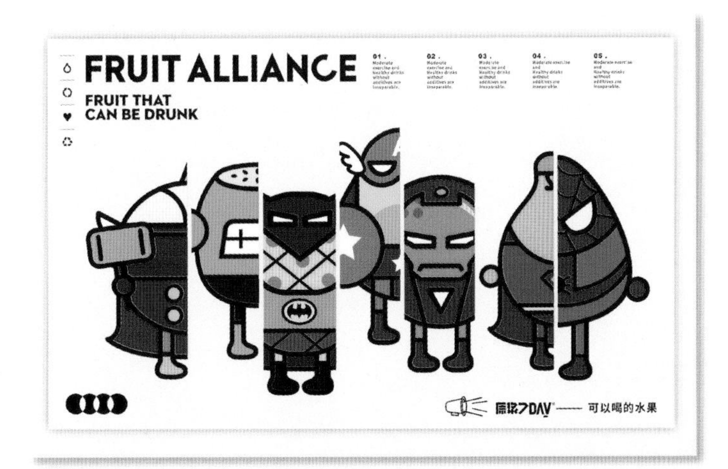
FRUIT ALLIANCE
FRUIT THAT
CAN BE DRUNK
可以喝的水果

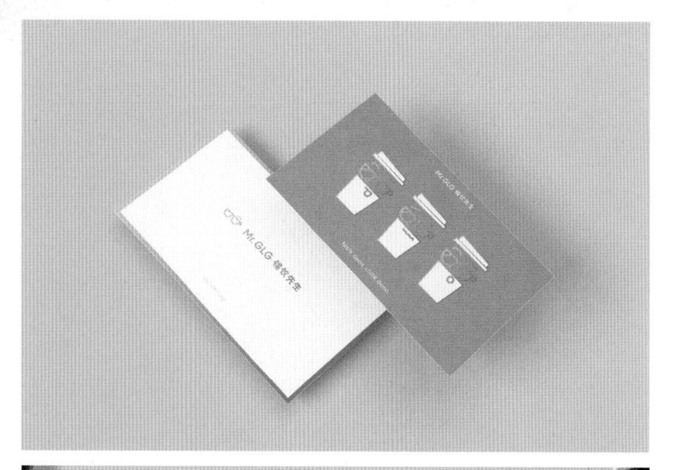

Qingdao, China

# Mr. GLG

镜饮先生 /
中国，青岛

创新模式的全新品牌

镜饮先生打破常规，是一个眼镜和饮品相结合的具有创新模式的全新品牌。在顾客购买眼镜的同时，可以利用闲暇的时光享用饮品。顾客不仅可以浏览选择眼镜，在口渴时也可以品尝美味的饮品，能够舒适惬意地度过挑选眼镜的时光。店面设计主要呈现海滩的场景化，给顾客一种视觉感官的享受与仿佛身临其境的体验。

**设计机构：**北京再作品牌管理有限公司

Mr. GLG 镜饮先生
Mr.GLG
镜饮先生

Drinks &
Glasses

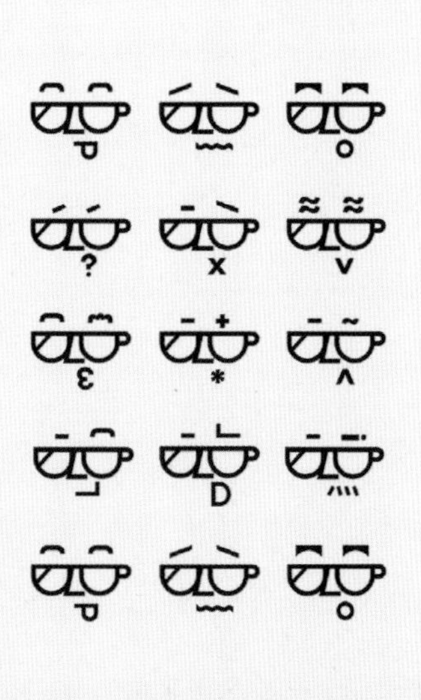

Drinks &
Glasses
TASTE Good, LOOK Good.

Shenzhen, China

# Remi's Drink

蕾蜜气泡水 /
中国，深圳

字体与图形

在标识的英文字母中加入吸管的元素，将吸管的形态与字母形态巧妙融合。标识中有趣的地方在于字母“D”融合饮料、吸管的元素，将蕾蜜品牌视觉化。饮料、吸管能让消费者第一时间知道这是一个饮品品牌。标识整体简约时尚，英文和中文字体笔画流畅，字形结构饱满，配色明快清新。标识经过标准化制图后更加严谨，且不失活泼。

**设计机构：**北京再作品牌管理有限公司

Remi's·Drink 蕾蜜
Remi's Drink 蕾蜜
夏日新品
气泡柠檬茶
气泡水果茶
LET ME MISS YOU

Beijing, China

# Hot Eggs

**发烧蛋仔 /**
**中国，北京**

**新港式视觉体验**

发烧蛋仔在视觉上完全区别于市面上的同类品牌，从一派老香港风中脱颖而出。打造发烧蛋仔 IP，创造更年轻的新港式视觉体验。

**设计机构 :** 北京再作品牌管理有限公司

**BRAND VISUAL**

品牌视觉

杯子

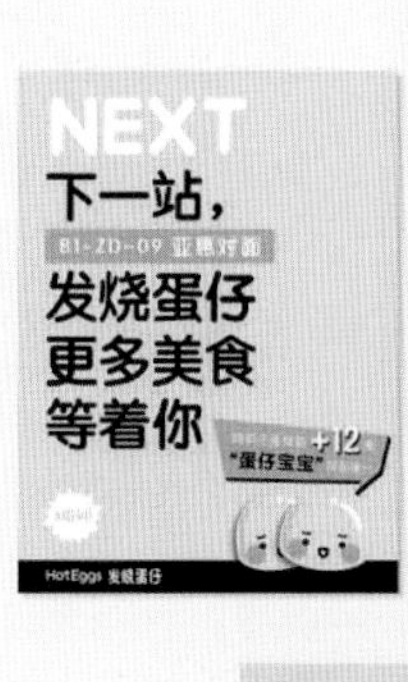

Dongguan, China

# Teaker

碳茶客 /
中国，东莞

如何方便消费者记忆

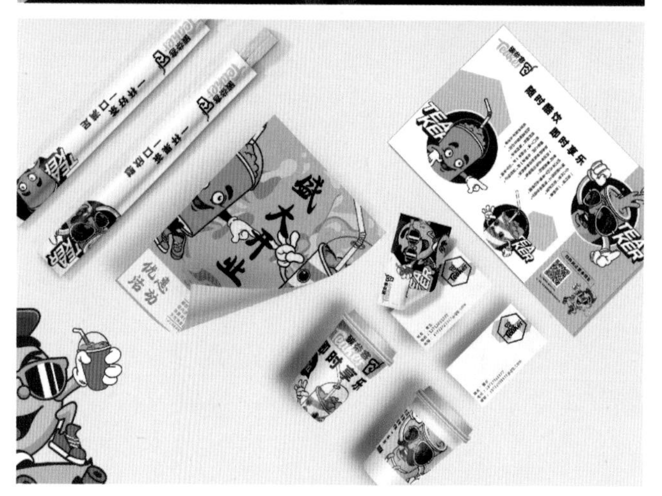


标识图形将潜水镜、吸管、饮品杯结合在一起，品牌名称碳茶客意为一“探”茶客，塑造出一个在奶茶饮品中苦苦探寻、希望做出最好喝的饮品给大家的形象，同时表达出因为喜爱，想要尝遍所有奶茶与小食。

具有趣味性的标识图形，在视觉上直接突出产品品类，便于品牌推广，也方便消费者记忆，整体风格干净、精致、简约。

**设计机构：**北京再作品牌管理有限公司

时酷饮
即时享乐

碳茶客
Teaker
即时享乐

Shenzhen, China

# 3 p.m.

午后三点 /
中国，深圳

以色彩营造幸福感

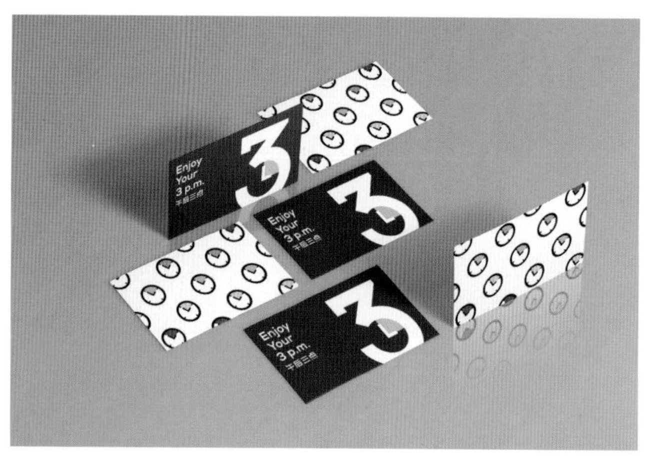

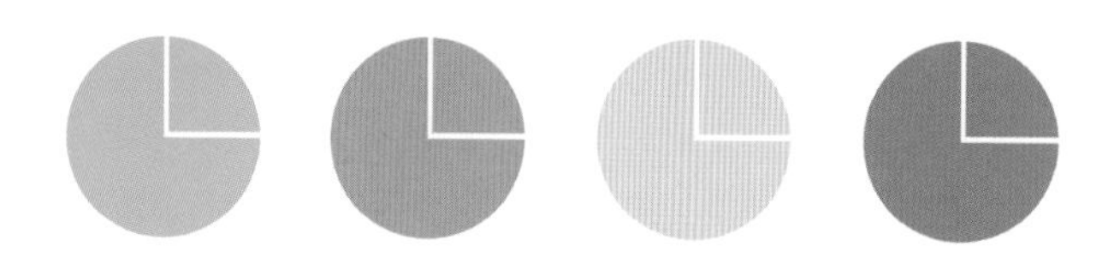

午后三点，一家位于深圳的时尚茶咖连锁店。

午后三点的标识设计契合其年轻时尚的品牌形象。将数字“3”和钟表指针的图案相结合，风格现代简约，一目了然。配色以薄荷青绿为主体颜色，搭配与之相近灰度与饱和度的淡红、淡黄、蓝紫。标识设计年轻有活力，给人带来时尚感和幸福感。

**设计机构：**北京再作品牌管理有限公司

招 牌
波霸奶茶
招牌冰啡
红豆奶茶
金钻奶茶
卡布奇诺
抹茶鲜奶

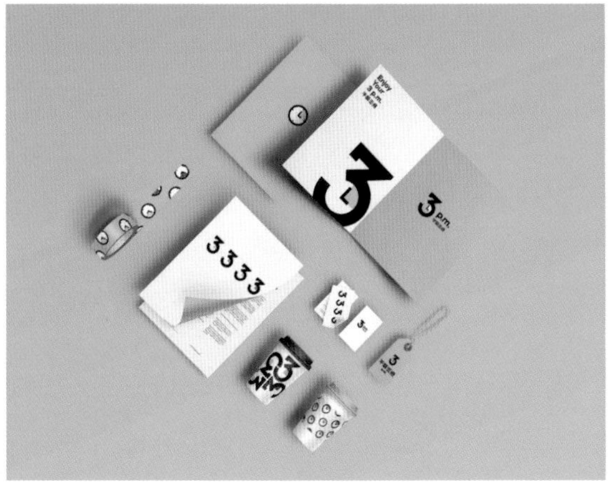
3333

p.m.
午后三点
午 | 后 | 3 | 点

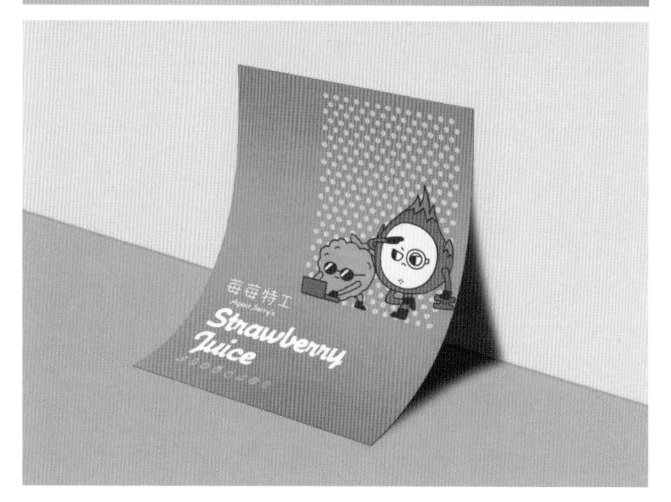


Shenzhen, China

# Agent Berry's

**莓莓特工 /**
**中国，深圳**

**以标识诠释品牌气质**

品牌标识以中英文字体设计为主，偏向手写体的英文“Agent Berry's”，既有几分硬朗干练的特工气质，又有几分浪漫赤诚、真实澄澈的感觉。充分通过品牌标识去诠释产品的特点，塑造出与品牌名称相对应的气质，强化品牌辨识度。整个品牌形象简洁、精致，向消费者传达出品牌核心的理念——坚持提供优质饮品，不断探索好喝饮品，坚持品质与原创精神，让喝杯好饮品成为一种品质的选择、一种生活方式。

**设计机构**：北京再作品牌管理有限公司

Agent Berry's
莓莓特工
Strawberry
Juice
莓莓
特工
Strawberry
Juice
莓莓
特工
Strawberry
Juice

莓莓特工
Agent Berry's
Strawberry
Juice
Hello,
Berry!

Agent Berry's 莓莓特工
Agent Berry's
Berry
Juice

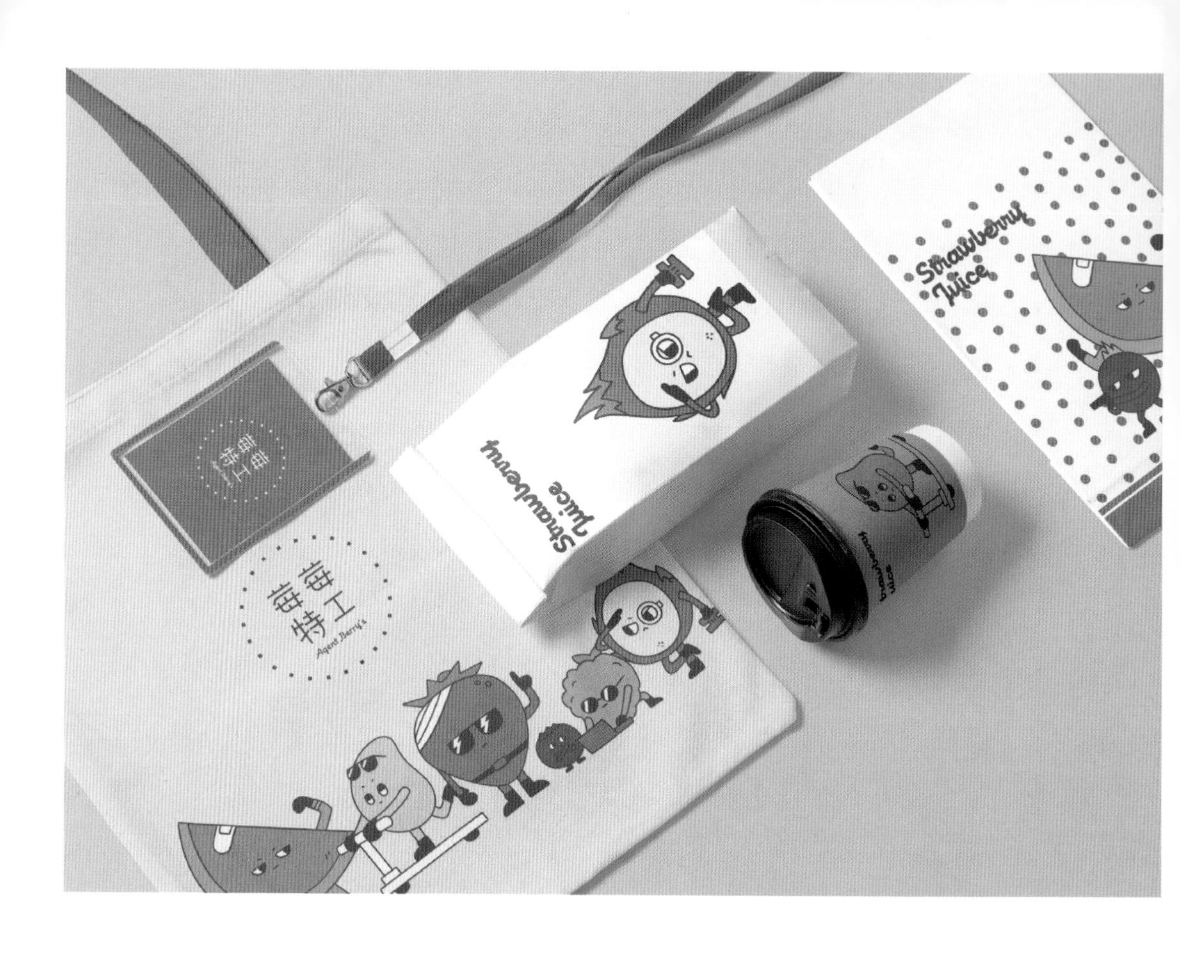


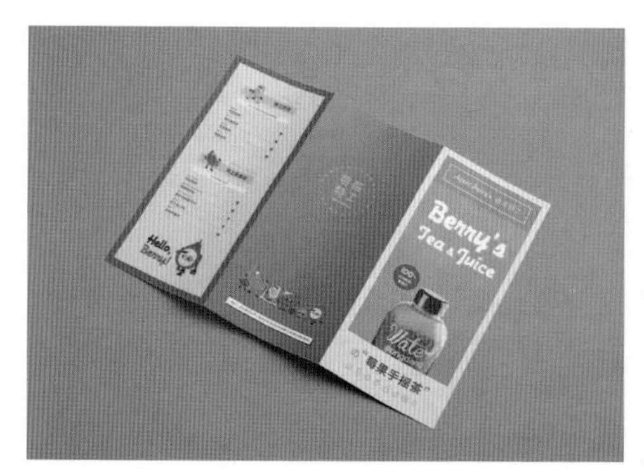


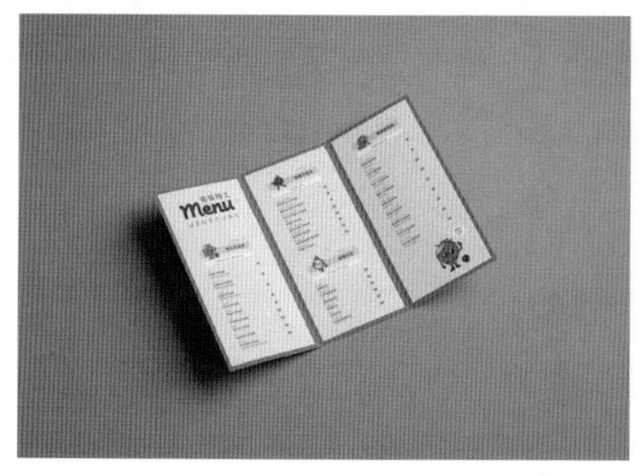


莓莓特工为手摇莓果茶的首创者。有别于市面上粗制滥造的、胡乱拼凑廉价水果的水果茶饮，莓莓特工专注于呈现来自大兴安岭地区的优质莓果与茶的结合，让茶饮这一古老文化和有着特殊魅力的莓果结合，焕发出新的生命力。

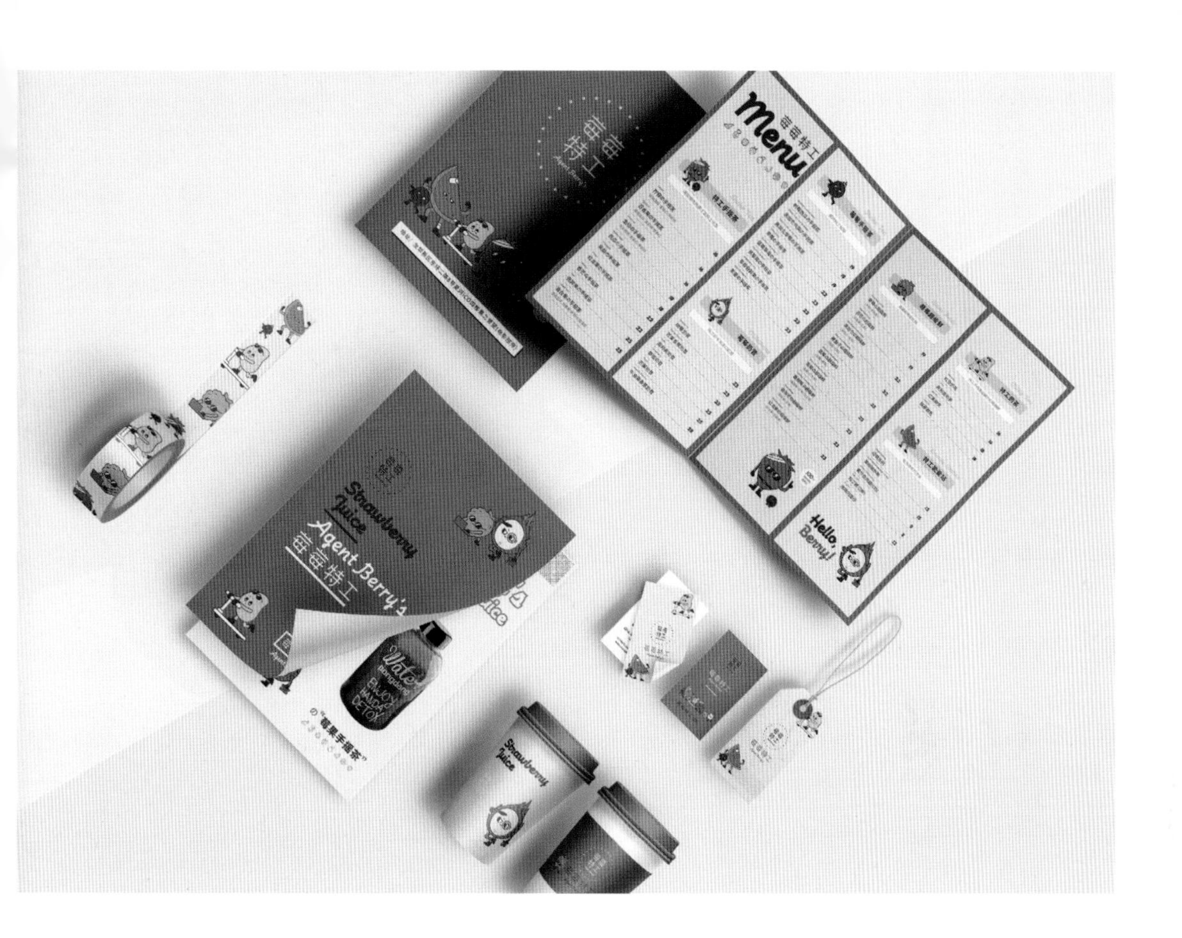
Menu
莓莓特工
Hello, Berry!
Strawberry Juice
Agent Berry's
莓莓特工
Strawberry Juice

Strawberry
Juice
Agent Be
莓莓特

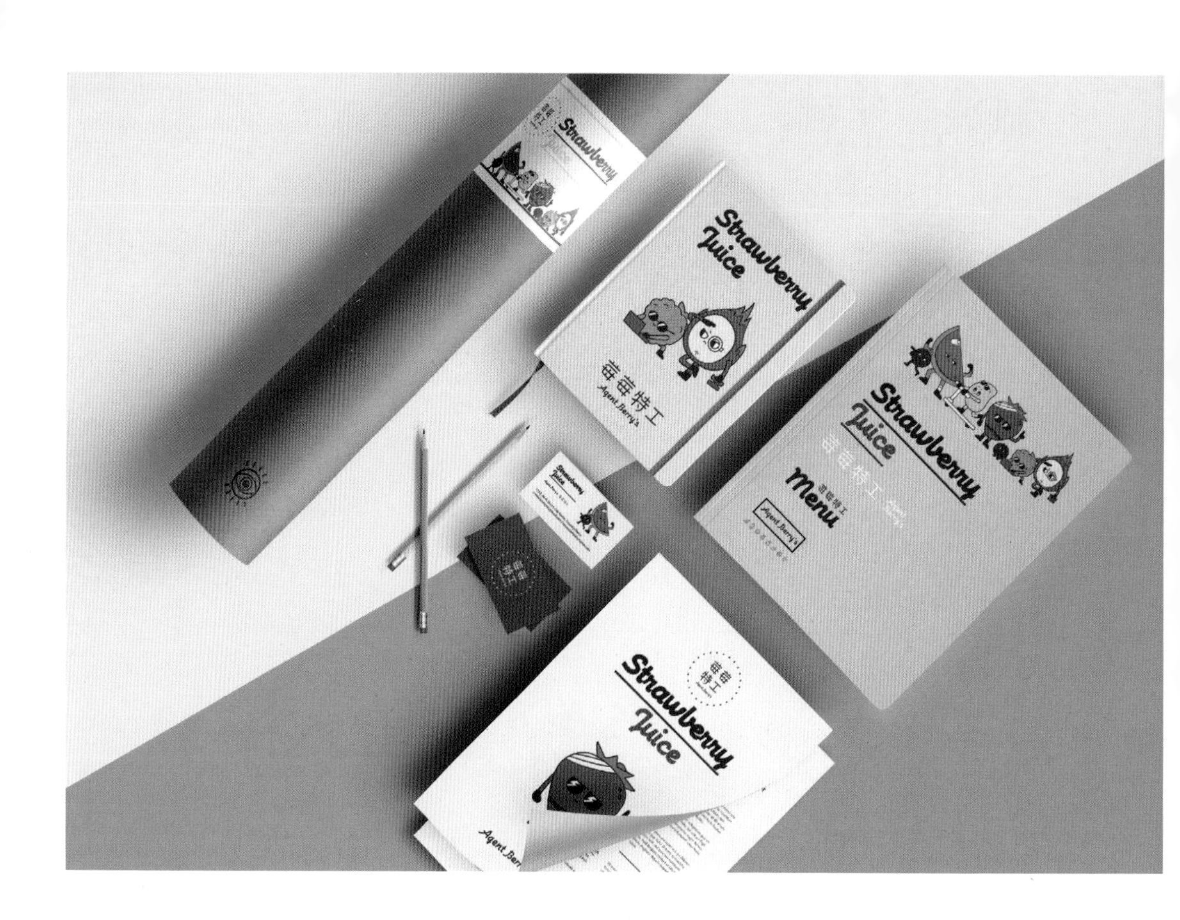
Strawberry
Juice
莓莓特工
Agent Berry's
Strawberry
Juice
Menu
莓莓特工
Strawberry
Juice

莓莓
特工
Agent Berry's
RE_
DESIGN
再作

# Brand Design

品　牌　形　象

将**莓果与茶融合为莓莓特工的首创**，备受消费者推崇的**莓莓手摇茶系列**，选用大兴安岭优质莓果，口感清润酸甜，层次丰富，搭配幽香清醇的茶香，两者交相呼应，奇妙无穷。

奇异果の手摇茶
Kiwi

凤梨の手摇茶
Pineapple

混合果の手摇茶
Mixed Fruit

西瓜の手摇茶
Watermelon

红龙果の手摇茶
Pitaya

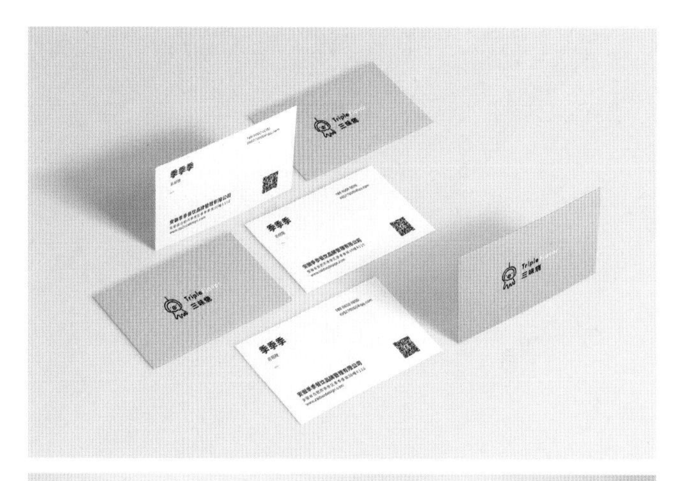

Shenzhen, China

# Triple Flavor

三味烧 /
中国，深圳

温暖的软萌风格

三味烧的英文名是 Triple Flavor，三味是以 3 种味道来形象地比喻读、诸子百家的诗书等古籍的滋味。“幼时听父兄言，读经味如稻粱，读史味如肴馔，读诸子百家味如醯醢。”此典出于何处，已难查找。三味烧的三味则是鲜、嫩、香。软萌的设计风格，温暖的黄色色调，小零嘴要吃得满足。一口弹软的章鱼烧，一口清爽的茶饮，如此绝配，这就是三味的结合。

**设计机构：**北京再作品牌管理有限公司

TRIPLE
FLAVOR
TRIPLEFLAVOR
OCTOPUS

Triple Flavor
三味烧
Triple
Flavor
三味烧
丸子，就酱

Shenzhen, China

# Spring Love

## 花间春露 /
## 中国，深圳

### 以女性为消费群体的品牌设计

花间春露是一家奶茶冷饮店，定位以女性消费群体为主。在创作思考上，设计师希望表现如品牌名称所透露出的文艺与温馨气息。品牌形象以品牌谐音“春天在花间的小鹿”作为创作方向，标识以及辅助图形都以此展开。

**设计师：**俞振江（子非乌鸦品牌设计）
**插画师：**林美昌

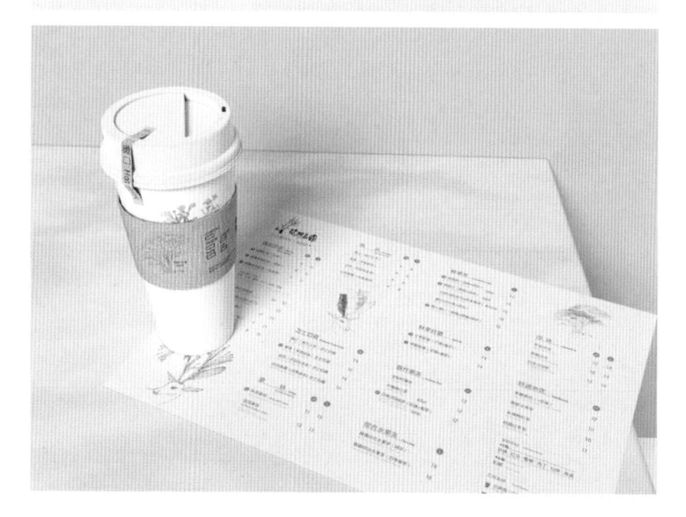

花間春露
Spring
love
Spring
love
入口.即入心
点餐区
Order area
五元加料
口味选择

花間春露

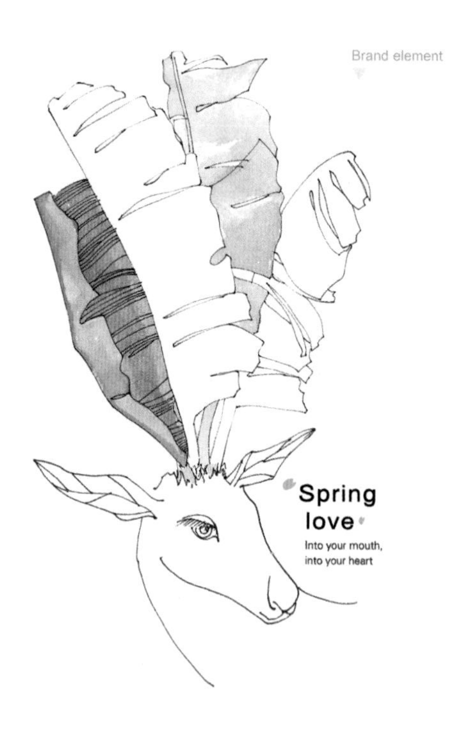

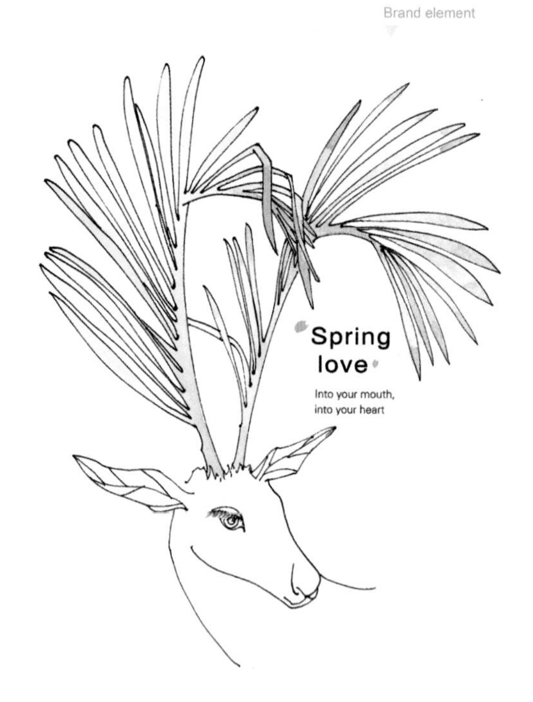

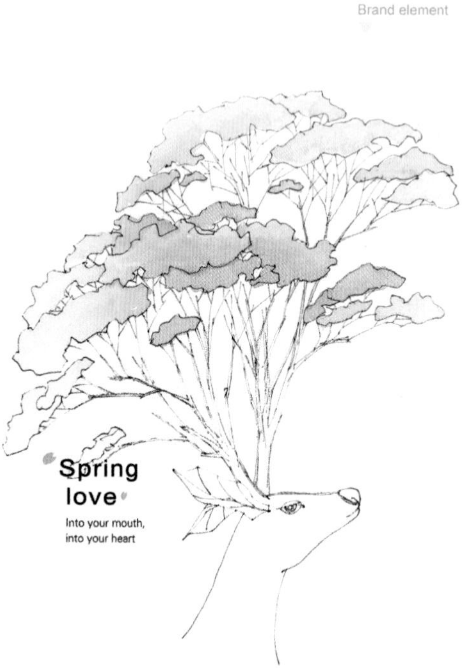

Brand element
Spring
love
Into your mouth,
into your heart

Brand element
Spring
love
Into your mouth,
into your heart

Brand element
Spring
love
Into your mouth,
into your heart

Brand element
Spring
love
Into your mouth,
into your heart

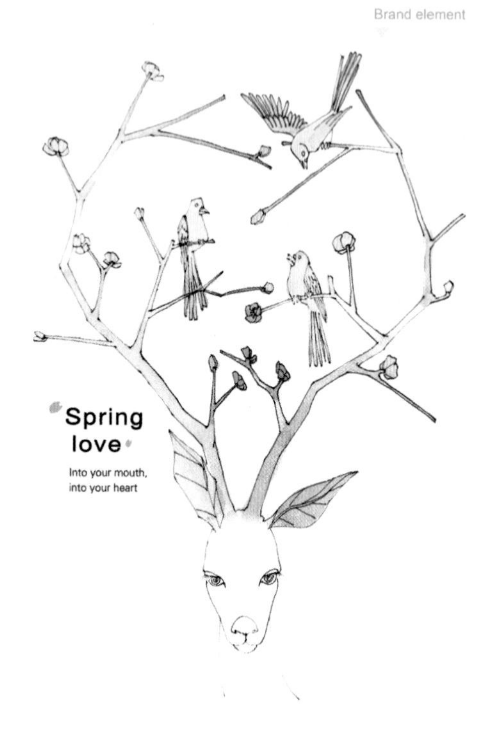

虽然品牌带有中国风的属性，但为了让品牌显得更加年轻而有活力，设计师先采用传统书法的形式写出品牌名称，而在此基础上让每个字的结构与色彩更加青春俏皮，与标识图形更加和谐，并配以系列插画作为延伸，如此搭配出一套既有中国古风又青春文艺的现代茶饮品牌形象。

Changsha, China

# Passby

## 路果 /
## 中国，长沙

**用插画诉说“路过你的世界”**

路过你的世界

Pass by your world

店主想打造一家主打新鲜的果汁饮品店，那么什么样的果汁算是新鲜的呢？无疑就是直接插一根吸管饮用水果里的汁水了吧。抱着这样的想法，设计师创作路果的核心标识，并打造“路过你的世界”这样一个文艺的核心标语，让不同的消费者在不同的状态下喝路果的产品，例如在加班时，在公园休息时，走在城市的一角时。整体品牌风格清新、简约、时尚。

**设计师：**俞振江（子非乌鸦品牌设计）
**出品：**子非乌鸦品牌设计

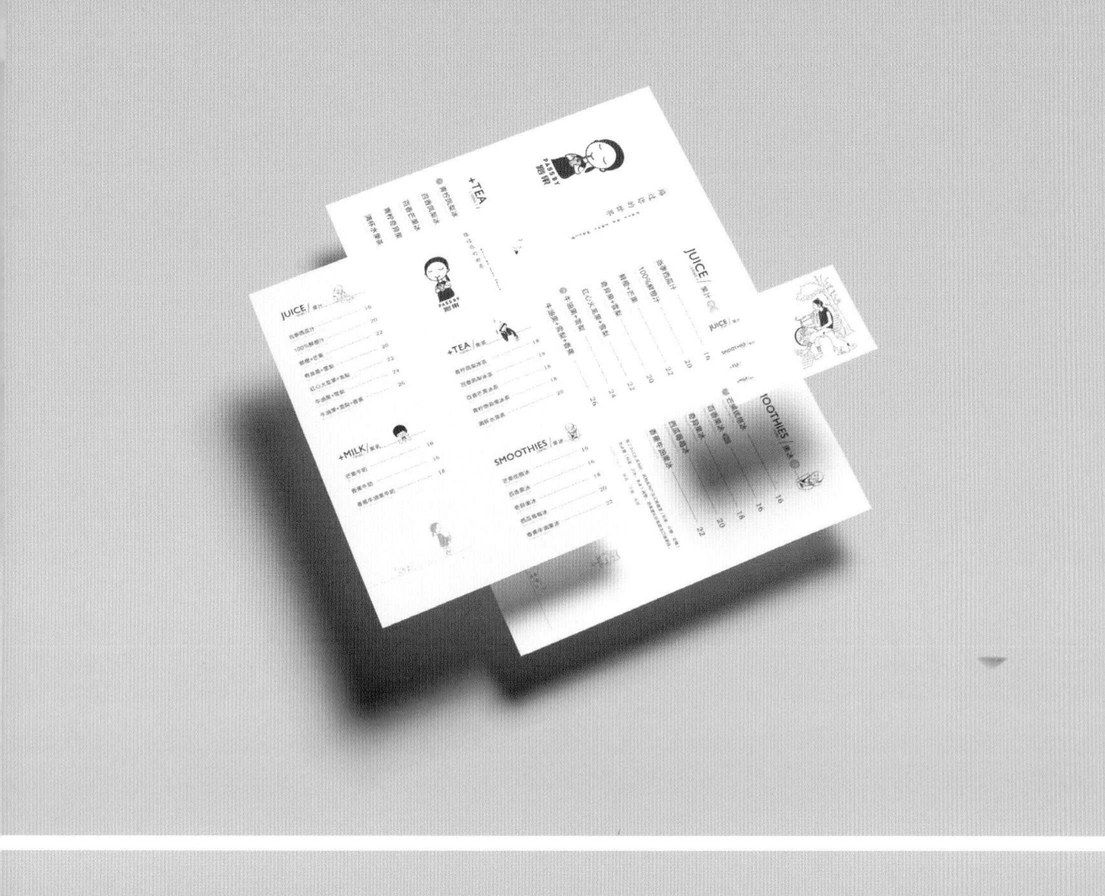

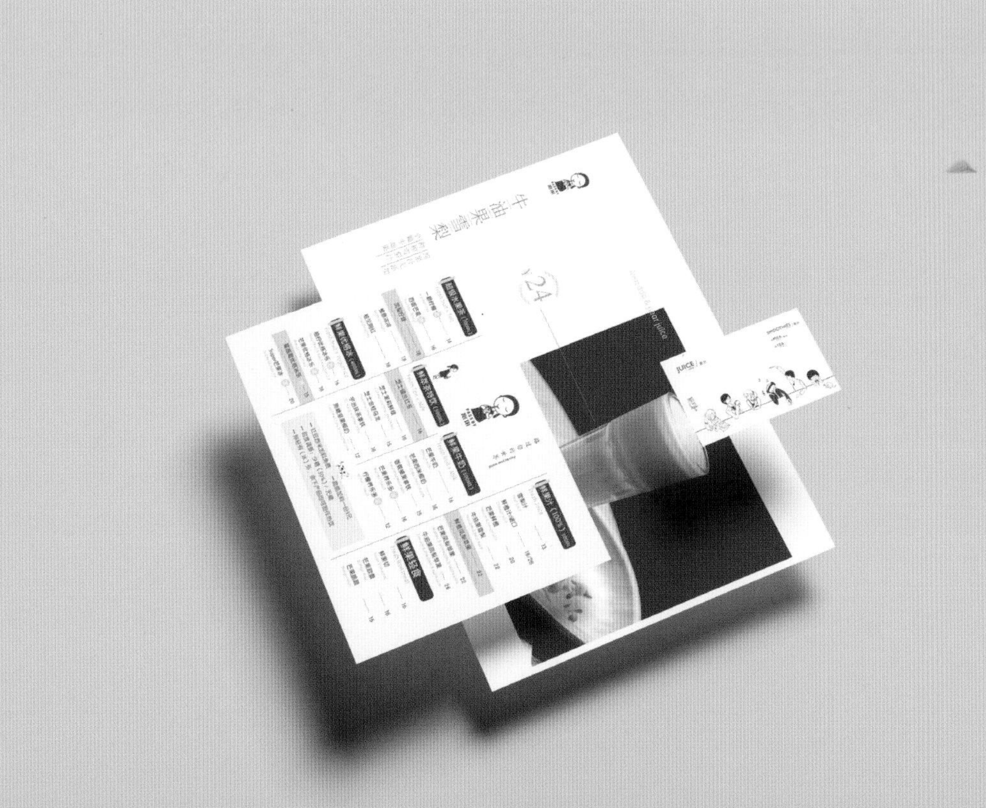

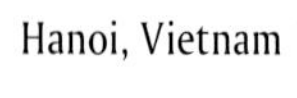
Hanoi, Vietnam

# Kai Tea

**Kai 茶 /**
**越南，河内**

**清新茶饮与表情符号**

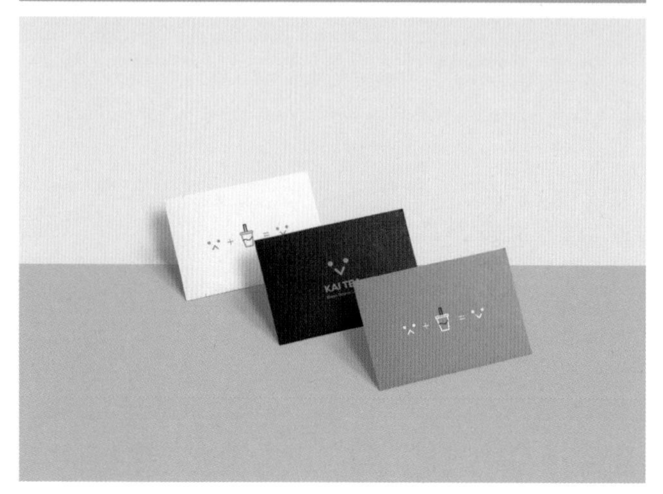

店内主打的是一种将高品质的纯正台湾茶与鲜奶混合而成的茶，而不像传统奶茶那样使用奶粉。鲜奶的使用不仅提高茶的口感，而且十分健康。Kai 茶希望通过每一杯奶茶给顾客带来安心快乐的体验。

**设计师和插画师：**露西娅·彭 **客户：**Kai 茶

KAI TEA
KAI TEA

KAI TEA
Fresh Tea
Healthy
Happiness

KAI TEA
Fresh Taiwan Lattea
KAI TEA
Fresh Taiwan Lattea
KAI TEA
Fresh Taiwan Lattea

KAI TEA

KAI TEA
KAI TEA
Fresh Taiwan Lattea

KAI TEA

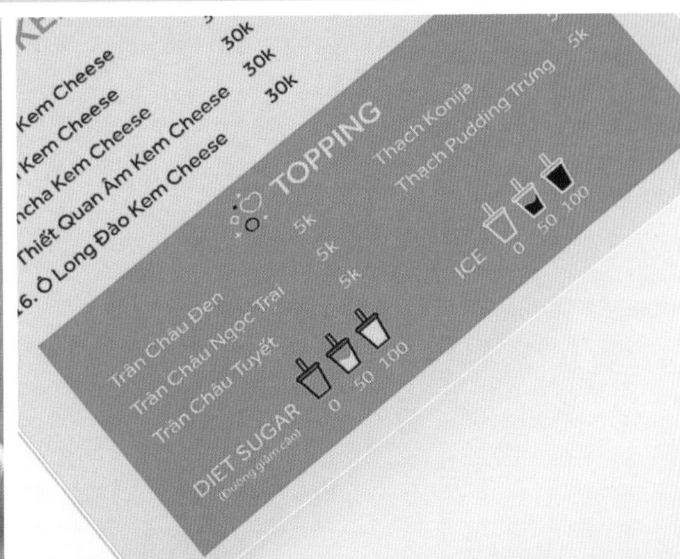
Kem Cheese
Kem Cheese 30k
Kem Cheese 30k
Thiết Quan Âm Kem Cheese 30k
Ô Long Đào Kem Cheese
TOPPING
Trân Châu Đen 5k
Trân Châu Ngọc Trai 5k
Trân Châu Tuyết 5k
Thạch Konija
Thạch Pudding Trứng 5k
DIET SUGAR
(Đường giảm cân)
0 50 100
ICE
0 50 100

Toronto, Canada

# The Krys

Krys 奶茶 /
加拿大，多伦多

“乳白色”龙卷风

这是一个位于多伦多市中心的奶茶店品牌设计项目。从素描到矢量图，内容都是关于奶牛和牛奶的。设计团队把这个“乳白色”龙卷风形象放在店里的媒体墙上，用健康奶茶向人们讲述健康生活的美好故事。

**设计机构：**Astro Circo 工作室 **摄影：**Astro Circo 工作室

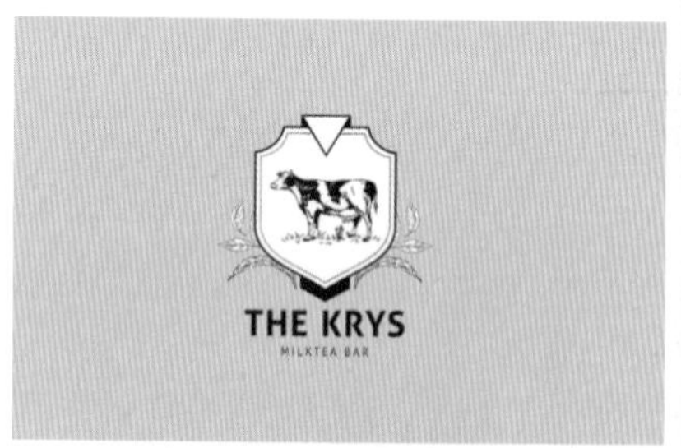


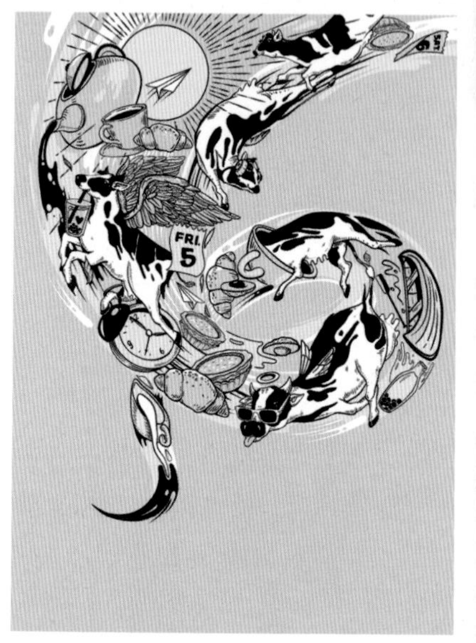

THE KRYS
MILKTEA BAR
THE KRYS
FRI.

THE KRYS
MILKTEA BAR

Bogor, Indonesia

# Wave Boba

波浪珍珠奶茶 /
印度尼西亚，茂物

“喝让你开心的东西”

现在全世界很多人都喜欢奶茶或珍珠奶茶，珍珠奶茶是先将牛奶和茶摇匀，然后加入由木薯粉制成的珍珠。波浪珍珠奶茶希望店里的奶茶和珍珠奶茶，能给品尝的顾客留下深刻的印象。

波浪珍珠奶茶位于印度尼西亚的茂物，店内提供各式各样的奶茶。店铺的口号是“喝让你开心的东西”，这意味着波浪珍珠奶茶可以确保它的奶茶能让顾客满意。

**创意设计师：**塞巴斯蒂安·塔涅勒·穆尔雅迪

## Logo Typography

| PERMANEN MARKER REGULAR | Segoe UI Historic |
| --- | --- |
| 0123456789 | 0123456789 |
| A B C D E F G H I J K<br>L M N O P Q R S T U<br>V W X Y Z | A B C D E F G H I J K<br>L M N O P Q R S T U<br>V W X Y Z |
| ABCDEFGHIJKLMNOPQRSTU<br>VWXYZ | abcdefghijklmnopqrstu<br>vwxyz |

Tainan, China

# OneZo Tapioca

**OneZo Tapioca 木薯奶茶 / 中国，台南**

**一种强烈的人文联系**

OneZo Tapioca 是一个来自中国台湾的创新品牌，用自制的木薯珍珠制成各式定制珍珠奶茶。

设计的主要目标是提升品牌在加拿大的品牌形象，打造一个拥有年轻态度和自制风格的店铺。对于品牌特性，设计团队从手工制作的木薯珍珠和它们独特的味道中获得灵感，以制作木薯粉的人作为代表元素。设计具有品牌特色，品牌定位带有一种强烈的人文联系。

**设计机构：**天外飞仙

OneZo
TAPIOCA
OneZo
MILK

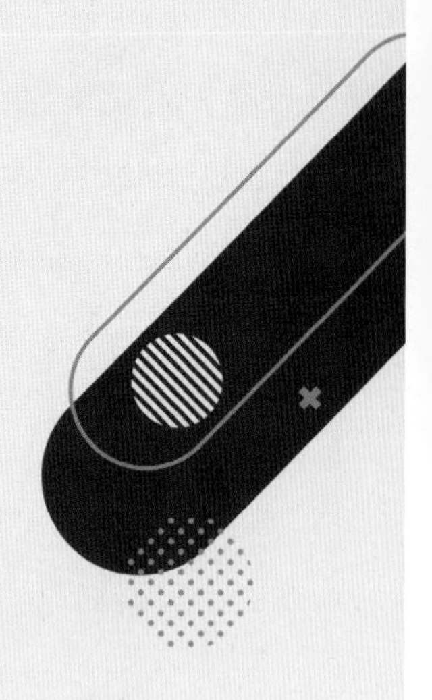

FRESHEST

CREATIVE

AESTHETIC

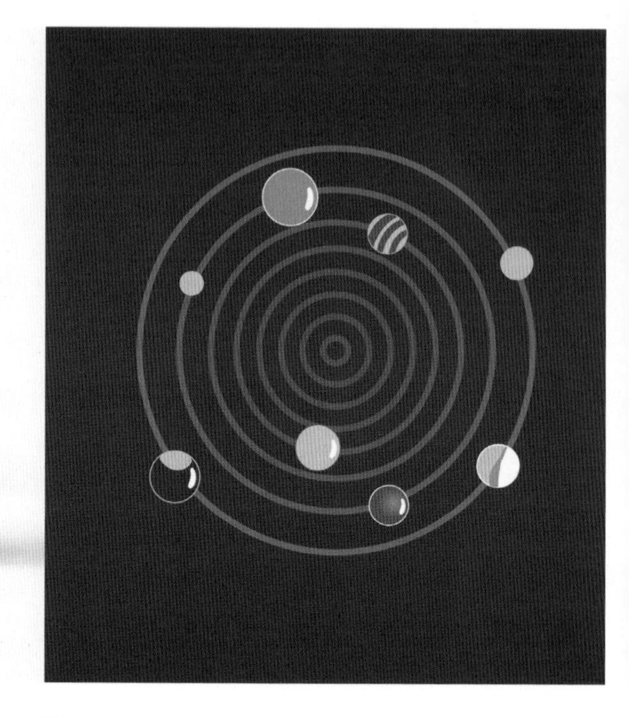

OneZo
TAPIOCA
TASTE CREATIVITY.
ONEZOTAPIOCA
DIRTY TEA
TOYARO
MILK TEA
FRUIT TEA
TEA LATTE
HEALTHY OPTION
TAPIOCA OPTIONS
OneZo

OneZo
TAPIOCA
TASTE CREATIVITY
STE CREATIVITY

Abu Dhabi, the United Arab Emirates

# Yellows

## Yellows 奶茶店 / 阿拉伯联合酋长国，阿布扎比

### 本真的色彩

Strawberry
Water Melon
Matcha tea
Passion fruit

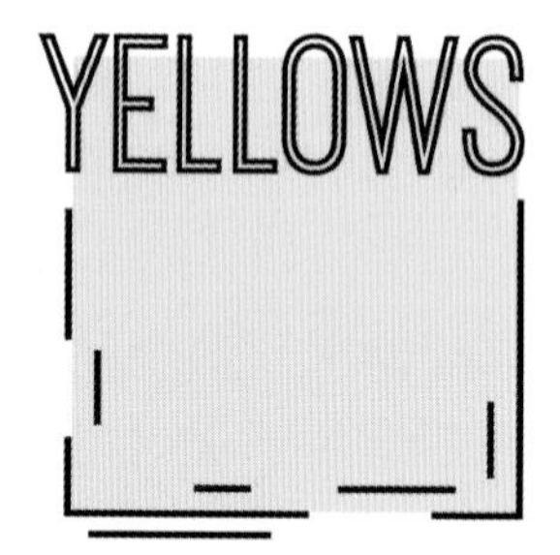


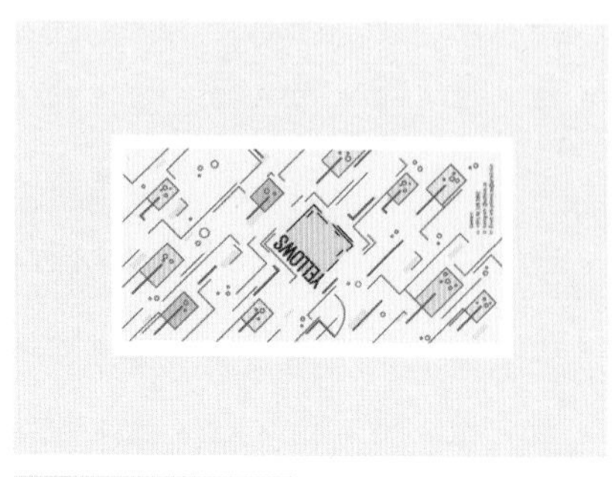

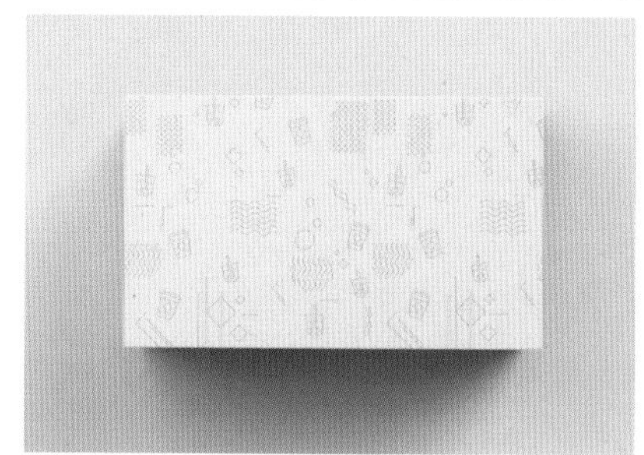

品牌标识的设计呈现简约的现代风格。几何线条勾勒出的盒子轮廓，代表一盒寄出的糖果。

配色灵感来自珍珠奶茶的明亮颜色，体现产品的清新和轻盈。

**创意设计师：**耶斯敏·秋特里 **摄影：**耶斯敏·秋特里

# YELLOWS MENU

## MILK TEAS

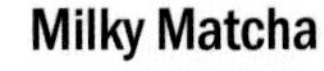

**Milky Matcha**
- Matcha, Milk tea, Coffee Jelly.

**Yellows Signature**
- Secret recipe, Milk tea, Coffee Jelly.

## FRUIT TEAS

**Sunset Passion**
- Passion fruit green tea, Mango Boba, Strawberry boba.

**Bright Mango**
- Mango green tea, Strawberry Boba.

**Velvet Strawberry**
- Strawberry green tea, Mango Boba.

**Pure Rainbow**
- Passion fruit green tea, Peach green tea, Rainbow Jelly.

---

*Lactose free and vegan options are available with no extra charge.

Qingdao, China

# Soft Drinks

## Soft Drinks 奶茶店 / 中国，青岛

### 几何图形化的潮流插画

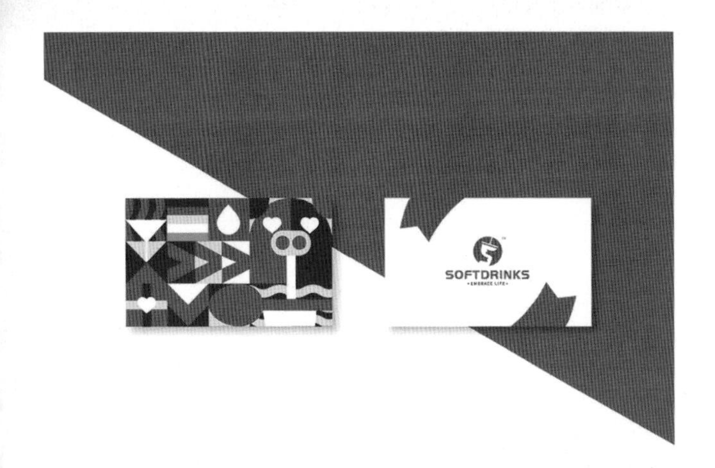


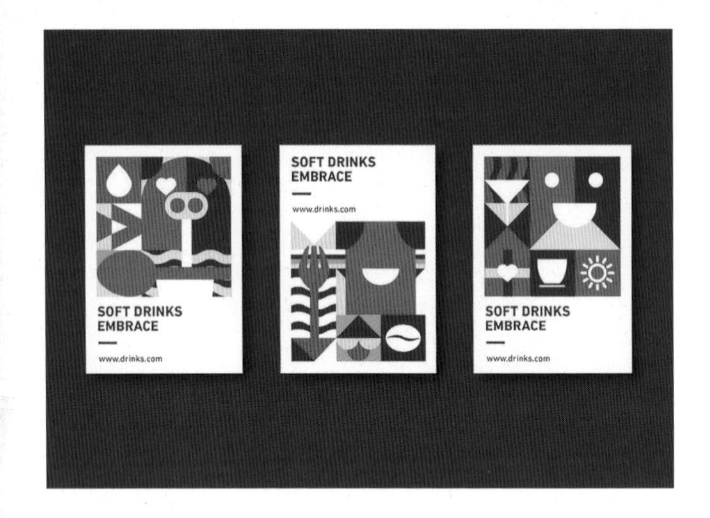

“如果每天都喝一杯奶茶的话，会不会幸福‘死’，那你可能会喝成一头猪，那也太棒了！”

Soft Drinks 是一家主打潮流时尚享受的奶茶店，标识设计采用正负形的表现手法，整体以猪抱着一杯奶茶为形象，并体现“S”的造型，代表“Soft”。

**设计师：**告白天 **客户：**Soft Drinks 奶茶店

SOFT DRINKS

EMBRACE LIFE

享受生活，从一杯奶茶开始

SOFTDRINKS

• EMBRACE LIFE •

SOFT DRINKS

EMBRACE LIFE

享受生活，从一杯奶茶开始

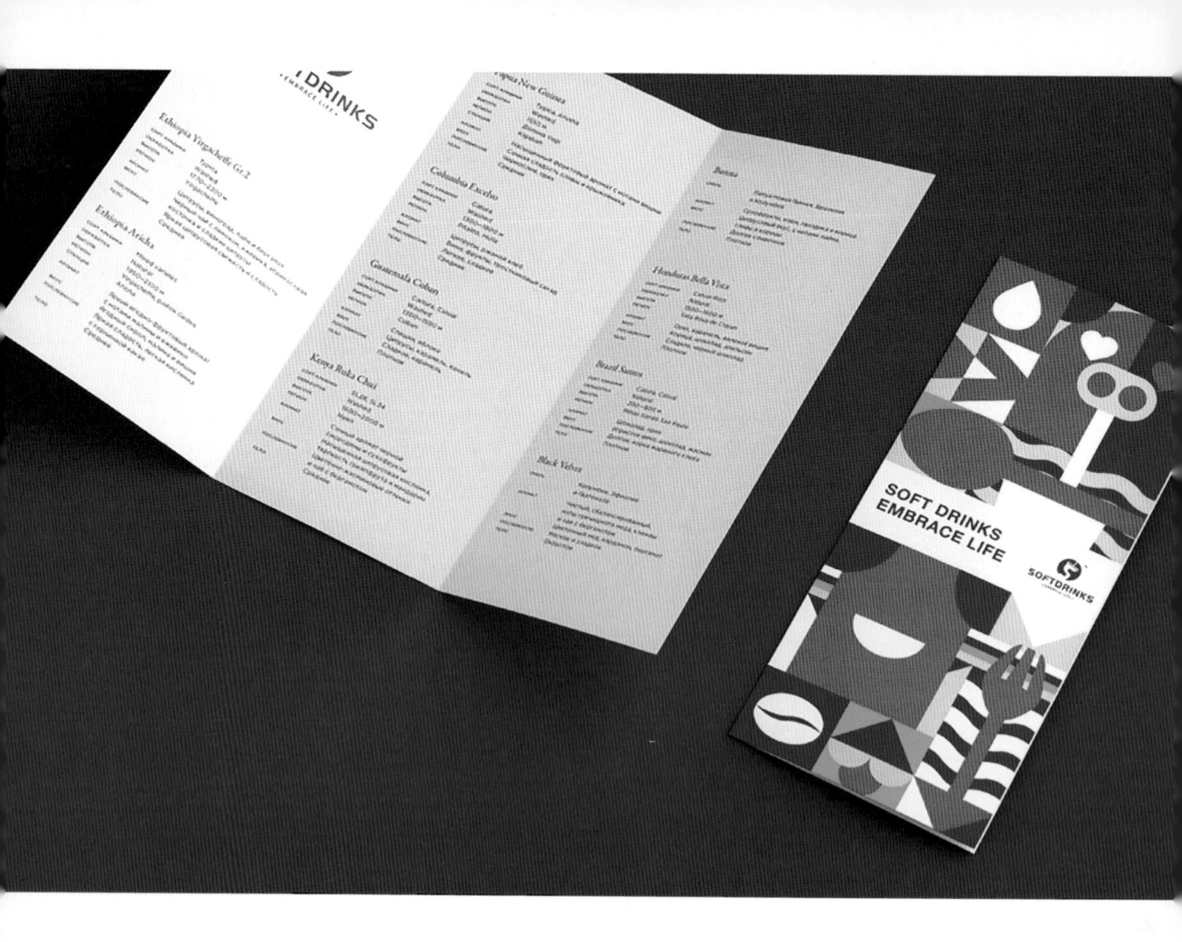
SOFTDRINKS
EMBRACE LIFE
SOFT DRINKS
EMBRACE LIFE
SOFTDRINKS

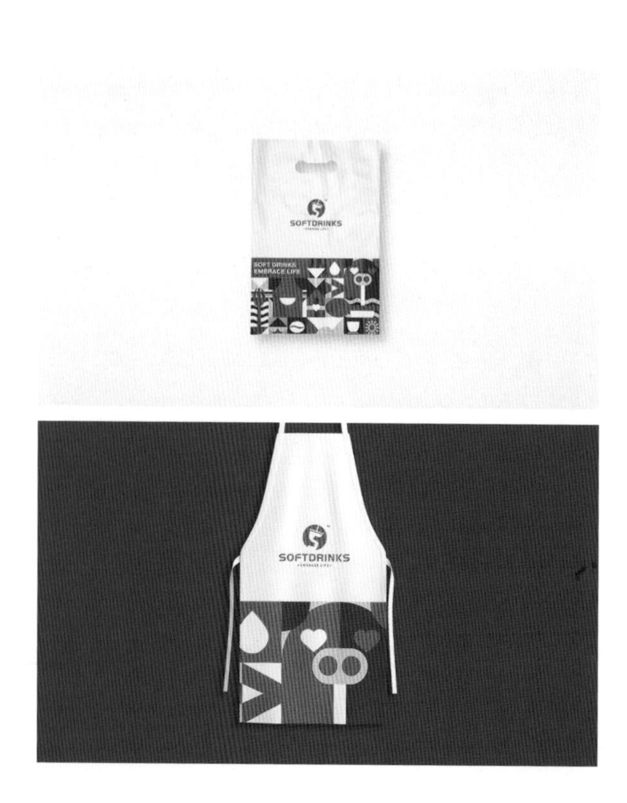
SOFTDRINKS
SOFT DRINKS
EMBRACE LIFE
SOFTDRINKS

SOFT DRINK
EMBRACE
TM
SOFTDRINK
·EMBRACE LIFE·
THANK

Ho Chi Minh City, Vietnam

# Indian Tea

**Indian 茶饮店 /**
**越南，胡志明市**

**品牌标识与插画**

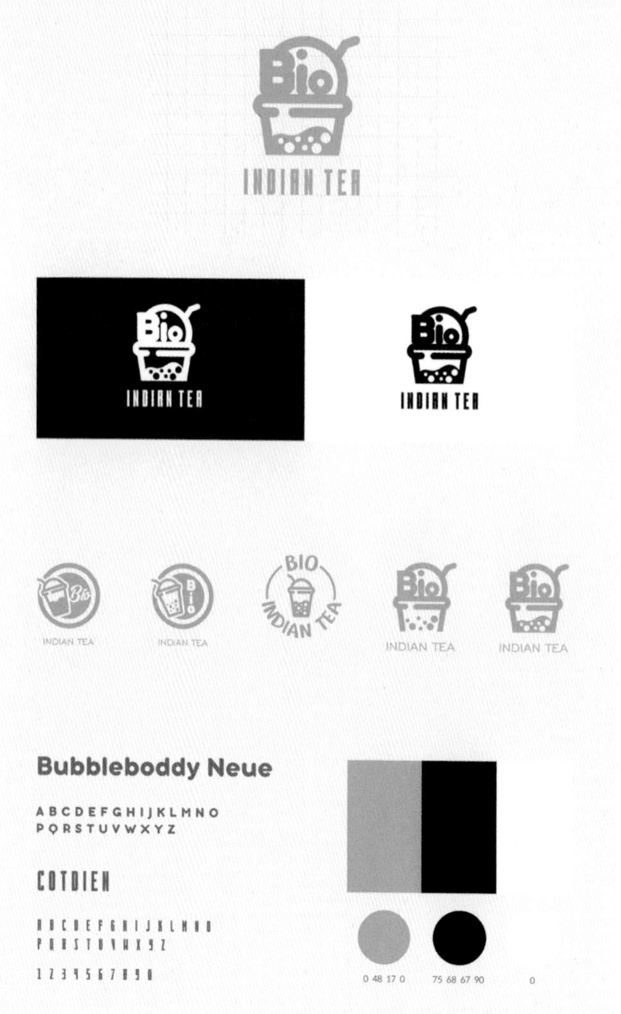

这是一家位于越南胡志明市的奶茶饮品店，出售不同口味的奶茶、果茶和其他饮料。创意设计师需要为店铺重塑一个兼具现代和可爱的奶茶饮品店品牌形象。在这个新概念中，将正宗珍珠奶茶与印度茶叶的特殊配方相结合。品牌标识的设计灵感来源于珍珠奶茶的茶杯。品牌名称中的“Bio”是对“Bubble”（珍珠）一词的引申。为了强调品牌中独特的茶元素，在品牌形象中还添加了关于珍珠的插画，用以表现饮料中重要的美味原料。

**创意设计师：**迪伊·安昂

GIẢM 15%
VỚI HOÁ ĐƠN
TỪ 50K

GIẢM 15% VỚI
HOÁ ĐƠN TỪ 50K

COFFEE SHOP
咖啡店

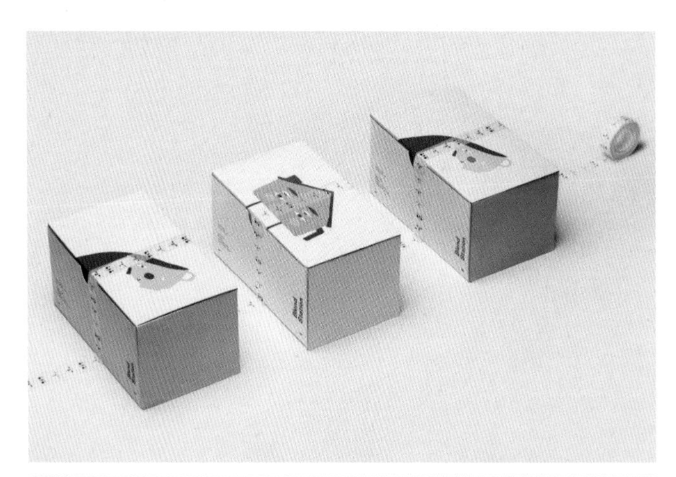

Mexico City, Mexico

# Blend Station II

## 混合站二店 / 墨西哥，墨西哥城

闻着咖啡的香气清醒过来

店主在康狄沙社区的第一家咖啡店获得成功的两年后，在墨西哥城的拉罗马中心开设了第二家店。针对新店铺的形象设计，设计团队决定遵循为第一家店打造的品牌概念。在两方的第二次合作中，才华横溢的 Solvar 设计公司开发并完成了室内和家具设计方案。设计团队的目标是继续打造舒适的就餐环境，将新的人物和插画形象应用到包装和室内设计中。顾客会在这里，闻着咖啡的香气清醒过来。

**设计机构**：Futura 工作室 **摄影**：萨尔瓦多·亚历杭德罗，格蕾丝·霍伊尔，罗德里戈·查帕 **建筑**：Solvar 设计公司 **合作伙伴**：Mobius 公司

Pimp Your Blend
Pimp Your Blend

Blend
Station
Blend
Station
Blend
Station

Blend
Station

Blend
Station

Blend Station
Coffee Shop

Blend
Station

Blend
Station

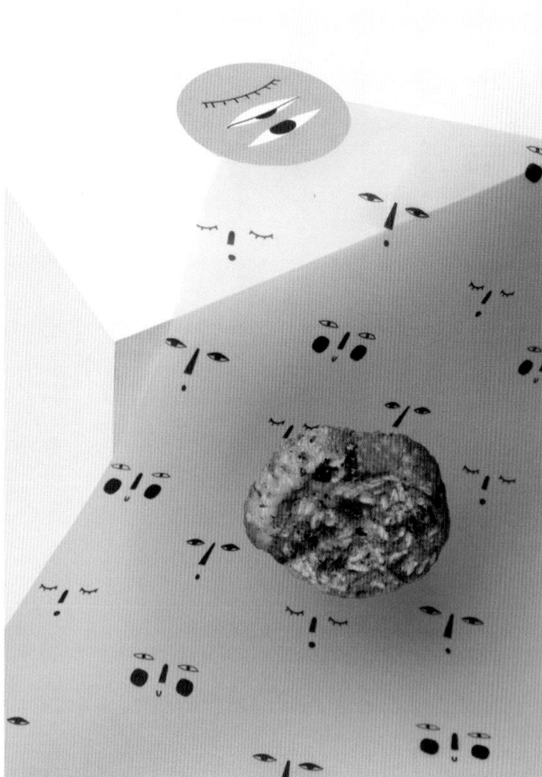

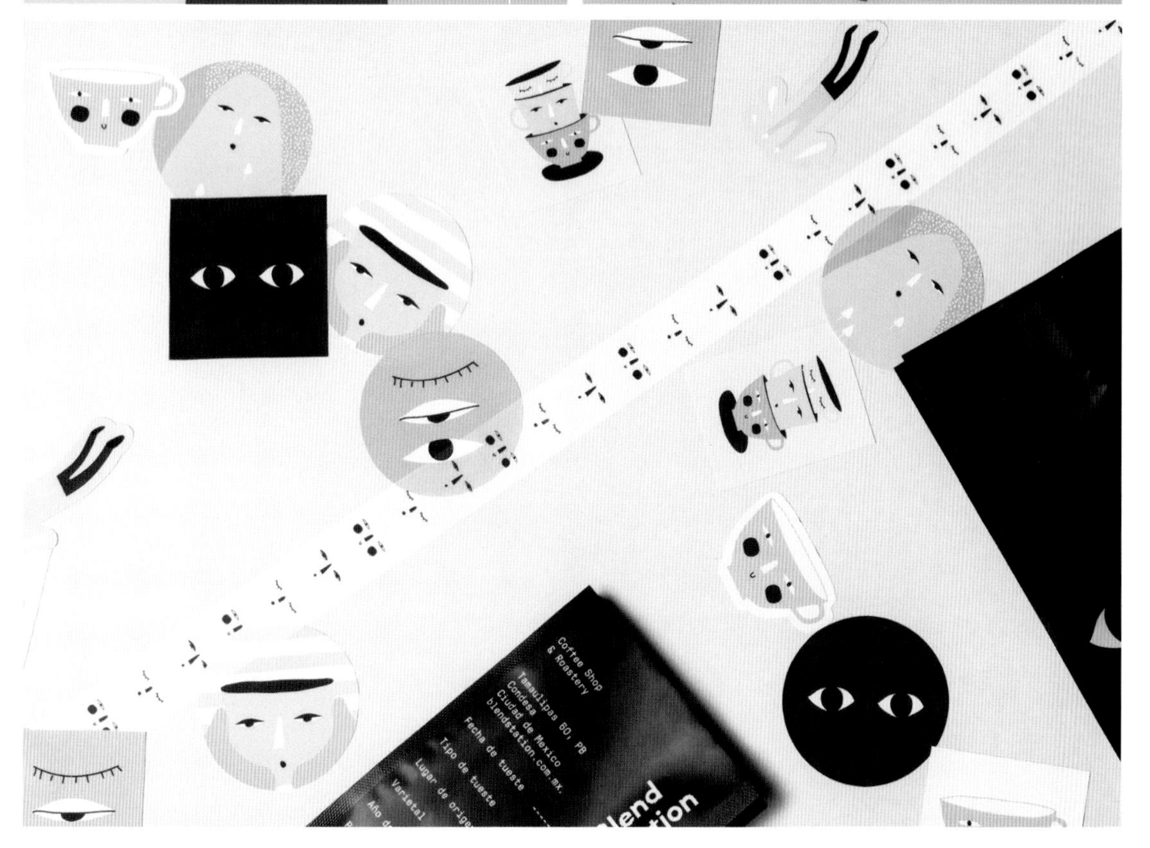
Coffee Shop
& Roastery
Tamaulipas 60, PB
Condesa
Ciudad de Mexico
blendstation.com.mx.
Fecha de tueste
Tipo de tueste
Varietal

CHAI O MATCHA 16oz $49
MATCHA TONIC 16oz $55
EXTRA ESPRESSO $8
LECHE VEGETAL
(ALMENDRA, SOYA, COCO) $6
SIN CAFEÍNA
SMOOTHIE
FRESA, PIÑA, MANGO 16oz $56
LIMONADA DE LA CASA
VIOLETAS, LICHI, ROSAS 16oz $45
MATCHA TONIC 16oz $55
JUGO NATURAL 12oz $32
16oz $39
SHOT COLD BREW
ENDULZA TU BEBIDA CON
PILONCILLO DE LA CASA
CHOCOLATE SENCILLO
CHOCOLATE BLEND 12oz $44
CHOCOLATE BLANCO
COCOA CON NARANJA 16oz $52
CHOCOLATE 100% CACAO
CHOCOLATE
KOMBUCHA $65

Santiago, Chile

# Cafē Būho

## Būho 咖啡馆 / 智利，圣地亚哥

### 城市艺术与智利壁画运动

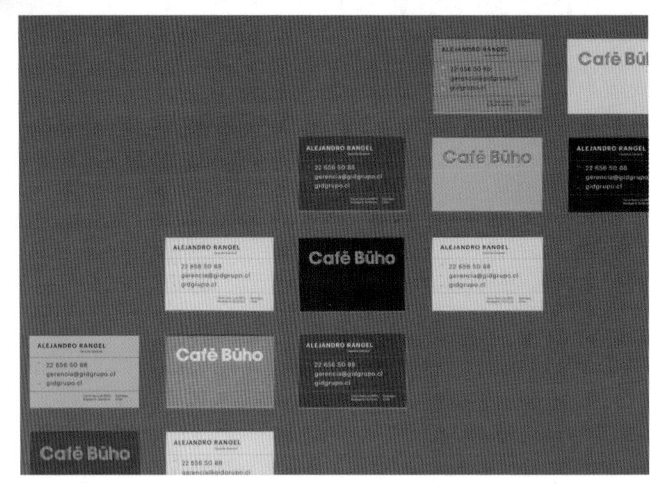

这是一家位于智利的咖啡店。设计团队从城市艺术和智利壁画运动中获得灵感，对品牌所做的重新诠释以富有地方色彩的艺术作品和智利的街道风格和历史为基础。从负责播种、收获的农民，加工过程中的所有相关人员到享用咖啡的顾客，都成了品牌展示的对象。明亮的色调和几何形状的使用成功地打造出一个引人注目的品牌形象，既经典又对新市场具有吸引力。这样一个与众不同的、原创的、颠覆性的品牌无疑能紧紧锁住消费者的目光。Būho 咖啡馆是一家与众不同的咖啡店。

**设计机构：**Futura 工作室 **摄影：**罗德里戈·查帕

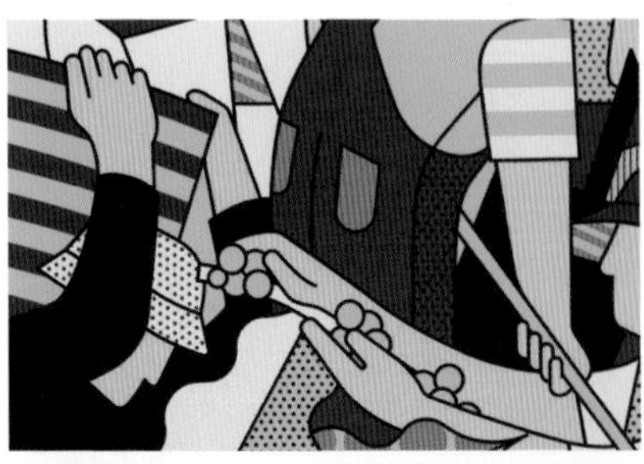

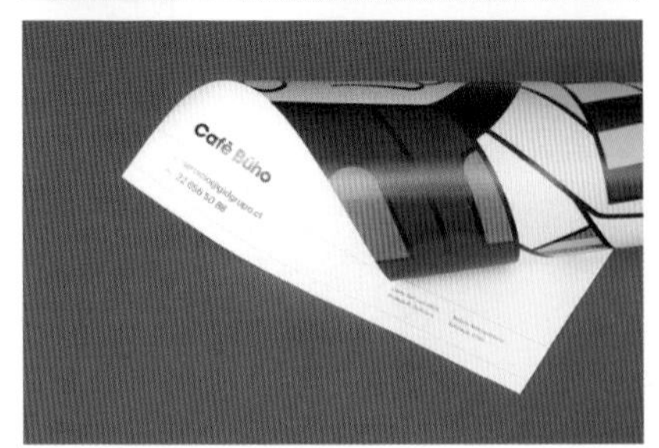

Cafē
Būho

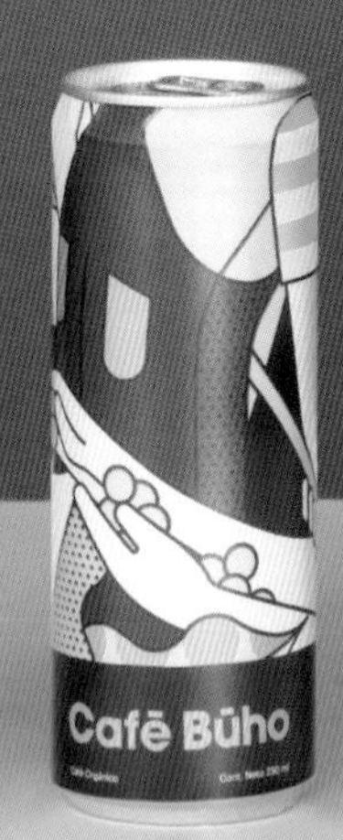
Cafē Būho

Café en
Grano
Cafē Būho
100% ARÁBICA
Café Molido • Cont. Neto 250 g

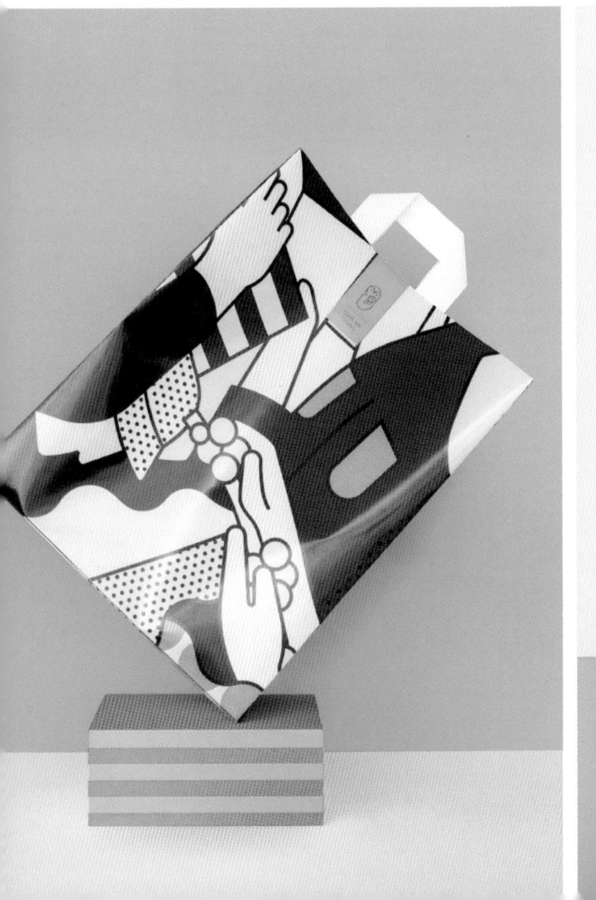

Cafē
Būho
Cafē
Būho
Cafē
Būho

Kharkiv, Ukraine

# Central

## 中央咖啡店 / 乌克兰，哈尔科夫

### 线性、简化和风格化

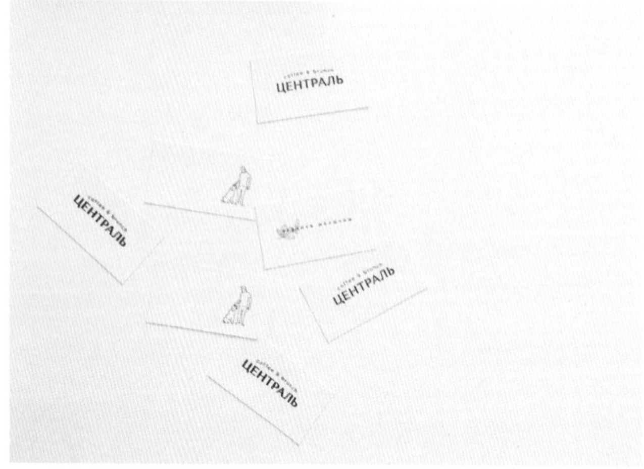


这是一家哈尔科夫市中心的时尚咖啡店，出售高品质咖啡，美味安全的食物，同时提供轻松悠闲的氛围。为了提高品牌知名度，店主决定利用现有元素打造坚实形象，进行品牌重塑。

设计的目标是打造更加现代和简洁的企业形象，同时保留和整合重要的、为客人所喜爱的品牌元素。

**设计机构：**卡纳普创意设计 **设计师：**提阿纳·基齐姆

## КОФЕ

| | |
|---|---|
| ЭСПРЕССО | 28 |
| ДОПИО | 40 |
| КАПУЧИНО | 34 |
| ЛАТТЕ | 38 |
| ФЛЕТ УАЙТ | 49 |
| РАФ | 48 |
| АЛЬТЕРНАТИВА | 45 |
| ФРАППЕ | 40 |
| ШМЕЛЬ | 45 |
| КОФЕЙНЫЙ АПЕРОЛЬ | 47 |
| АФФОГАТТО С ФИСТАШКАМИ | 68 |

**ДОПОЛНИТЕЛЬНО**

| | |
|---|---|
| молоко | 5 |
| сливки | 5 |
| маршмеллоу | 10 |
| лимон | 12 |
| сироп | 5 |

| | |
|---|---|
| КАКАО | 49 |
| ЧАЙ В АССОРТИМЕНТЕ | 35 |
| ХОЛОДНЫЙ ЧАЙ | 38 |
| ХОЛОДНЫЙ ЧАЙ С ЛИМОНОМ | 38 |

КРАФТ ЧАЙ
облепиха
апельсин+имбирь
цитрус+ягоды

## ЗАВТРАКИ

| | | |
|---|---|---|
| ГРАНОЛА<br>сухофрукты +орехи | 460 гр | 28 |
| ПАНКЕЙКИ<br>овсяно-банановые + ягоды + мороженное + имбирно-медовый соус | 330 гр | 75 |
| МИНИ-СЫРНИЧКИ<br>джем +сметана | 320 гр | 69 |
| АМЕРИКАНСКИЙ ЗАВТРАК<br>яйцо + сыр + острый соус | 225 гр | 54 |
| КАША НА ЗАВТРАК<br>на Ваш выбор: овсянка/булгур/кус-кус | | 57 |
| яйцо + пармезан + зелень | 225 гр | |
| ягоды+имбирно-медовый соус | 270 гр | |

## САЛАТЫ/ БОУЛЫ

| | | |
|---|---|---|
| САЛАТ<br>курица + сыр фета + авокадо | 330 гр | 120 |
| САЛАТ ЗЕЛЁНЫЙ<br>дор-блю + брокколи+орехи + зелёный горошек | 220 гр | 89 |
| САЛАТ<br>креветки + авокадо | 200 гр | 139 |
| БОУЛ ЛИВАНСКИЙ<br>булгур + острая телятина + овощи + специи | 350 гр | 112 |

## СЕНДВИЧИ

| | | |
|---|---|---|
| СЕНДВИЧ<br>моцарелла +соус песто | 270 гр | 62 |
| СЕНДВИЧ<br>курица + моцарелла + соус песто | 330 гр | 79 |
| СЕНДВИЧ<br>тунец + яйцо | 300 гр | 79 |
| СЕНДВИЧ<br>груша+сыр дор-блю | 250 гр | 68 |
| РОЛЛ ГРЕЧЕСКИЙ<br>острая телятина + овощи + соус Цацики | 230 гр | 79 |
| РОЛЛ С КУРИЦЕЙ<br>овощи + пикантный соус | 180 гр | 59 |

## ХОЛОДНЫЕ НАПИТКИ

| | |
|---|---|
| ЛИМОНАДЫ<br>клюква + грейпфрут<br>апельсин + имбирь<br>манго + лимон<br>смородина + лимон<br>классический | 48 |
| СМУЗИ<br>зелёный<br>фиолетовый<br>сезонный | 55 |
| МОЛОЧНЫЕ КОКТЕЙЛИ<br>банановый<br>ягодный<br>сезонный | 55 |
| ФРЕШ В АССОРТИМЕНТЕ | 55 |

ЭСПРЕССО
ДОПИО
КАПУЧИНО
ЛАТТЕ
ФЛЕТ УАЙТ
РАФ
АЛЬТЕРНАТИВА
ФРАППЕ
ШМЕЛЬ
КОФЕЙНЫЙ АПЕРОЛЬ
АФФОГАТТО С ФИСТАШКАМИ
28
40
34
38
49
48
45
40
45
47
68
КАКАО
ЧАЙ В АССОРТИМЕНТЕ
ХОЛОДНЫЙ ЧАЙ
ХОЛОДНЫЙ ЧАЙ С ЛИМОНОМ
КРАФТ ЧАЙ
облепиха
апельсин+имбирь
цитрус+ягоды
49
35
38
38
РАДУЙСЯ МЕЛОЧАМ

品牌标识由中央咖啡店的品牌名称和咖啡与早午餐的文字描述组成。

为了使品牌标识更具可读性，设计团队采用居中对齐的形式，并将文字描述设置在品牌名称上方，对称的形式赏心悦目。品牌标识避免了符号的过度使用，打造出一个简洁的咖啡馆品牌形象。

coffee & brunch
ЦЕНТРАЛЬ

САЛАТЫ/
БОУЛЫ
ЗЕЛЕНЫЙ САЛАТ
САЛАТ-ПАСТА С ТУНЦОМ
САЛАТ С ТЕЛЯТИНОЙ
БОУЛ С КУРИЦЕЙ И КУС-КУСОМ
БОУЛ АЗИАТСКИЙ
БОУЛ ЛИВАНСКИЙ
98
139
112

35 00
ШТРУДЕЛЬ
с вишней
35 00
КРУАССАН
с шоколадом
35 00
coffee &
LA MARZOCCO
CE
coffee & brunch
ЦЕНТРАЛЬ

品牌形象以风格、比例和设计特征都不尽相同的两种字体为基础。尽管存在这些差异，排版仍然看起来简洁、不杂乱。

由于咖啡店的口号在品牌定位中起着重要的作用，所以设计团队决定对其进行强调，并建议将其作为独立的图形元素使用。

此外，设计团队还创造了一个额外的品牌形象元素——字母组合，方便品牌形象适应不同的媒体形式。同时对之前使用的标识——一个男人带着一条狗的形象——进行了线性、简化和风格化的加工。

设计包含了名片、菜单、广告海报、烘焙产品包装、纸杯和糖棒、餐垫、价格标签、包装纸、购物袋、门上工作时间表、贴纸等。结果显示，新品牌标识简洁明了，省略了不必要的细节，强调主体内容——咖啡店的氛围。

Mexico City, Mexico

# Motín

## Motín 咖啡店 / 墨西哥，墨西哥城

### 一只有趣的仓鼠

Motín 咖啡店是一家位于科洛尼亚罗马地区的咖啡店，那里是墨西哥城最时尚的美食社区之一。Futura 工作室负责项目的整体设计、命名和品牌设计。有时候，人们想要享受美好的一天，或者弥补糟糕的一天，唯一要做的就是吃一大碗起到安慰作用的食物。在一个舒适的空间里，和一只粉红色的、胖胖的仓鼠一起做事，还有什么比这更好的选择呢？和很多人一样，这只仓鼠眼睛比肚子大。

**设计机构：**Futura 工作室 **摄影：**罗德里戈·查帕

to
GO

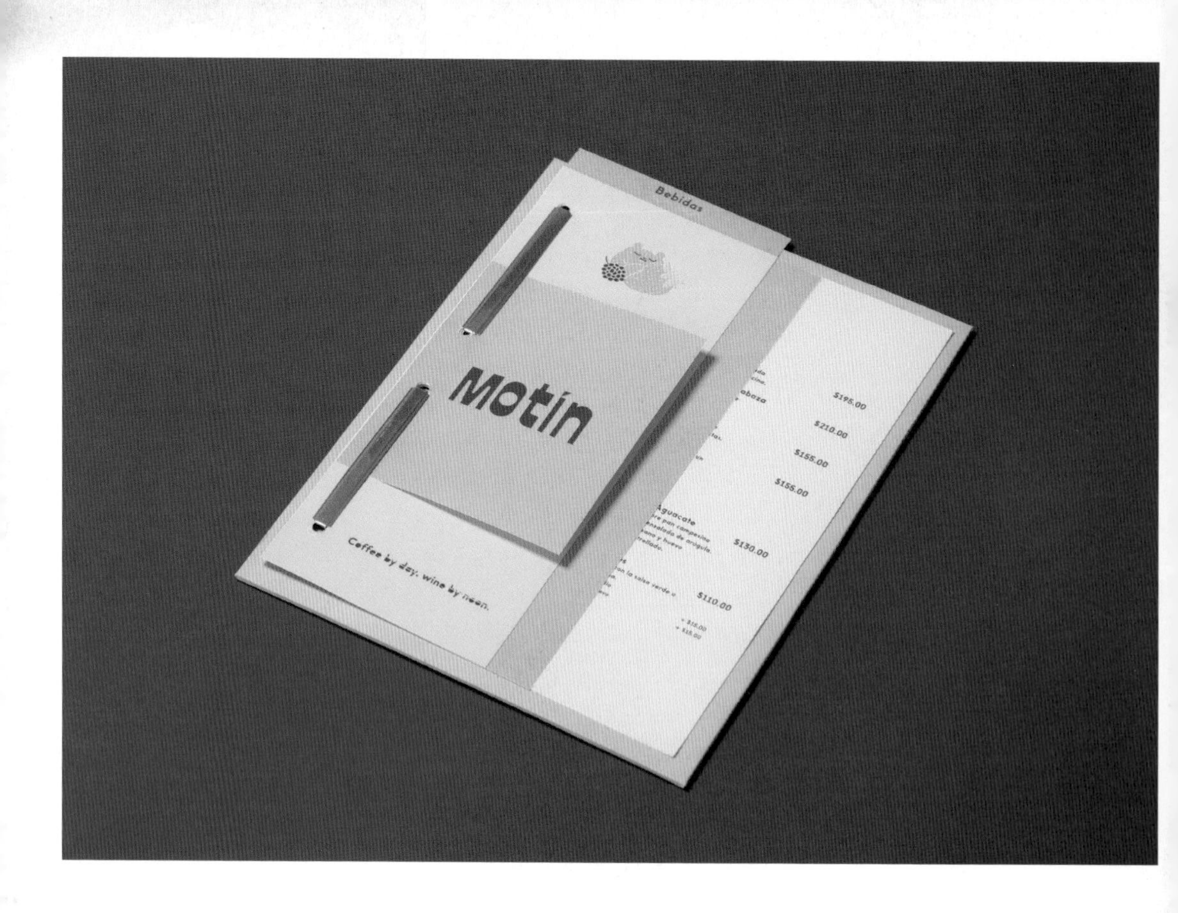

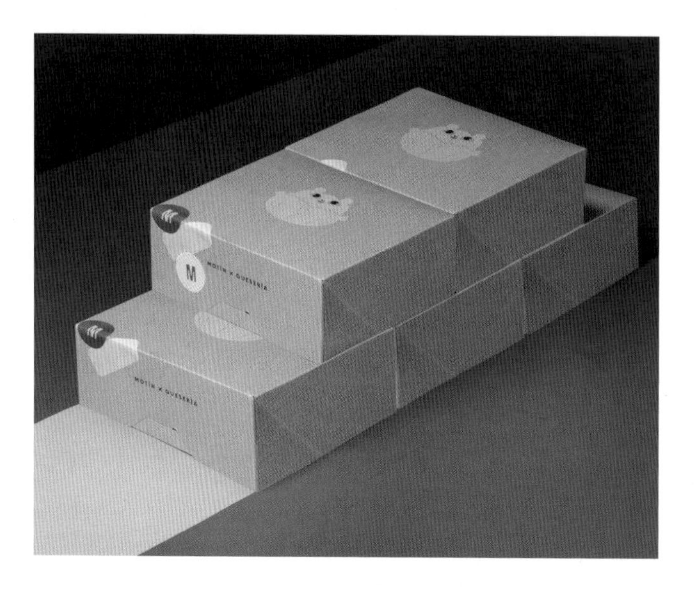


欢迎顾客来到一个能在周一上午工作的时候喝杯咖啡，或者在周末早午餐的时候享受一盘松软煎饼的地方。Motín 咖啡店让顾客感觉宾至如归，可能体验比家还好。

Motín 咖啡店，一个上午喝咖啡，中午喝葡萄酒的地方。

Moscow, Russia

# Coffee First

**Coffee First 咖啡最先 /**
**俄罗斯，莫斯科**

**具有信息性的图形符号**

Coffee First 咖啡最先是一家位于莫斯科的连锁咖啡店。店内特色气氛浓郁，能让顾客充分放松享受咖啡、零食点心以及与朋友共处的时光。品牌的视觉形象设计以抽象的信息图形为基础，可以让人分辨出是咖啡上的奶油拉花、蒸气和手。除了设计概念，创意设计师还开发出一个具有适应性的口号，使得广告和品牌形象更加多样化，只要替换一个单词就能改变意思。咖啡最先，其他的都不那么重要。

**创意设计师：**迪玛·贝托鲁奇

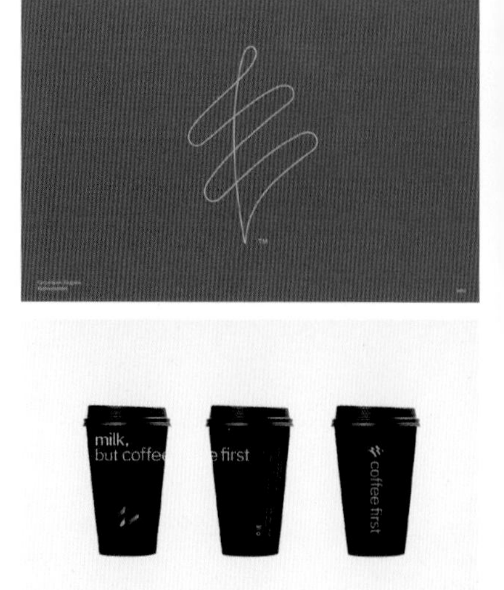

Coffee First
110 E. 25th Street, New York, NY 10005
www.coffee-first.ru
coffee first™

coffee first™

Saint Petersburg, Russia

# Habit

习惯咖啡 /
俄罗斯，圣彼得堡

一个动态的自由形式

这是一个由具有丰富咖啡行业经验的专业人士创立的品牌，明快而又雄心勃勃。品牌的一个主要愿望是创造一种生活习惯。每杯咖啡不仅是咖啡师用巧手准备的美味饮品，更是为一整天定下基调的情感体验。习惯咖啡的品牌理念是视觉形象设计的起点。

**设计机构：**F61 创意设计公司 **设计师：**拉娜·洛马基纳，谢尔盖·波鲁欣 **摄影：**拉娜·洛马基纳，丹尼尔·哲尔德夫

Habit
HABIT
Лимонад «Пряное яблоко»
250
Лимонад «Бузина-Мята»
250
Эспрессо тоник
250
Холодный кокосовый маття
280
Разный холодный латте
250
SUMMER DRINKS
Можжевеловый кекс
Брауни с пеканом
Печенье
Веганский батончик
Зефир
Ириска
Безумный согревающий
MORE THAN COFFEE
HABIT. MORE THAN COFFEE
Habit

Habit
MORE THAN COFFEE
MORE THAN COFFEE
MORE THAN COFFEE

品牌理念不仅以咖啡为内容，还关注情感、自由和习惯。明亮而大胆的品牌形象像是在告诉顾客：“糟糕的一天？喝杯咖啡怎么样？”“今天过得很好？来杯咖啡吗？”“无论发生什么事，无论身在何处，都要找时间善待自己。”

设计团队试图在品牌设计中反映所有这些想法，品牌标识是一个动态的自由形式，可以填满包装的整个表面，或者隐藏在店铺的一个角落，甚至在标语周围“跳舞”。讽刺画风的人物在任何情况下，好像都能挤出时间来喝杯咖啡。

Habit
Habit

MORE THAN COFFEE
MORE THAN COFFEE
MORE THAN COFFEE

Habit
Habit

Habit

Rio de Janeiro, Brazil

# Reboot Tech Cafe

## 重新启动技术咖啡馆 / 巴西，里约热内卢

### 设计的“开关按钮”

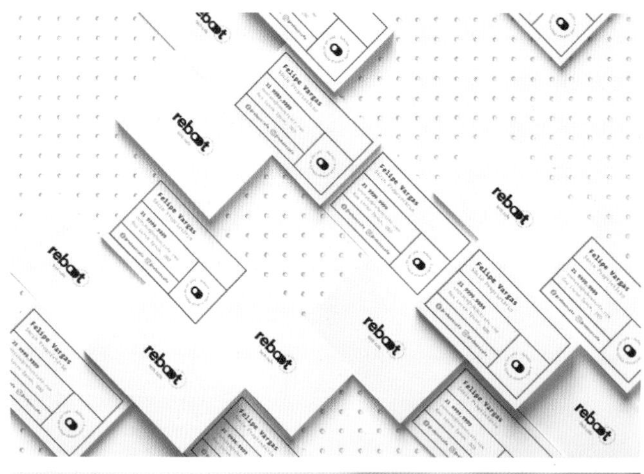

设计内容涵盖从命名到视觉形象。代表品牌精髓，同时展现咖啡在人们生活中的作用是“开关按钮”的设计，可以出现在人们的智能手机中以及互联网上，与人们朝夕相处。

这个“开关按钮”指的是重启某件事，也指咖啡可以帮助人们重启精神、恢复活力的效果。

**创意设计师：**菲利普·霍尔曼

Lorem ipsum Dolor
tech cafe

Cafés
Salgados
Combos

Kharkiv, Ukraine

# Vlasna Kava

**弗拉斯纳 · 卡瓦咖啡 /**
**乌克兰，哈尔科夫**

**和谐而不张扬地融入城市空间**

这是一家位于哈尔科夫的咖啡店。这是一个很有氛围的地方，可以服务顾客，品牌设计可以充当咖啡制作全流程的向导。设计团队创造了一个符号性很强的设计系统，向消费者传达咖啡店的概念和主要原则。

设计系统中的每个元素——品牌标识、字体、配色——讲述了有关小小咖啡豆和咖啡产业的故事。这个品牌形象中包含很多有用的信息，顾客可以在产品宣传册、建筑外立面上的海报、名片和促销印刷品中看到。

**设计机构：**卡纳普创意设计 **设计师：**提阿纳· 基齐姆 **获奖情况：**乌克兰 2019 最佳设计大奖——最佳企业和品牌标识奖

ВІД ЗЕРНА ДО ВАШОЇ ЧАШКИ
+38 050 174 04 00
вул. Пушкінська, 74-А
Харків
7:30–21:00
instagram/facebook:
vlasnakava
ВЛАСНА КАВА
ЗАВІТАЙТЕ НА СМАЧНУ КАВУ
ВІД ЗЕРНА ДО ВАШОЇ ЧАШКИ

品牌标识包括符号和文字。符号的部分展示了从局部形状到一个完整图形的发展过程。品牌标识的文字部分选择了简单的字体，可以和谐而不张扬地融入城市空间，吸引目标受众。

另外，配色主要包括米色、赤陶色、浅绿和深绿。由这些柔和颜色填充的品牌形象，具有很高的辨识度。

ВЛАСНА
КАВА

ВЛАСНА
КАВА

ВЛАСНА
КАВА
магазин-
кав'ярня
+38 050 174 04 00
Пушкінська, 74-А
Харків
instagram: vlasnakava
facebook: vlasnakava
ВІД ЗЕРНА ДО ВАШОЇ
ЧАШКИ
7:30 - 21:00
BRAZIL BRAZIL BRAZIL

СПРЕСО / ДОПІО
АПУЧИНО
АТЕ-МАК'ЯТО
АК'ЯТО
ЛЕТ ВАЙТ
АВА ПО-ВІДЕНСЬКІ
ОКАЧІНО
МОККО
103

ВЛАСНА
КАВА

98
Fiorenzato

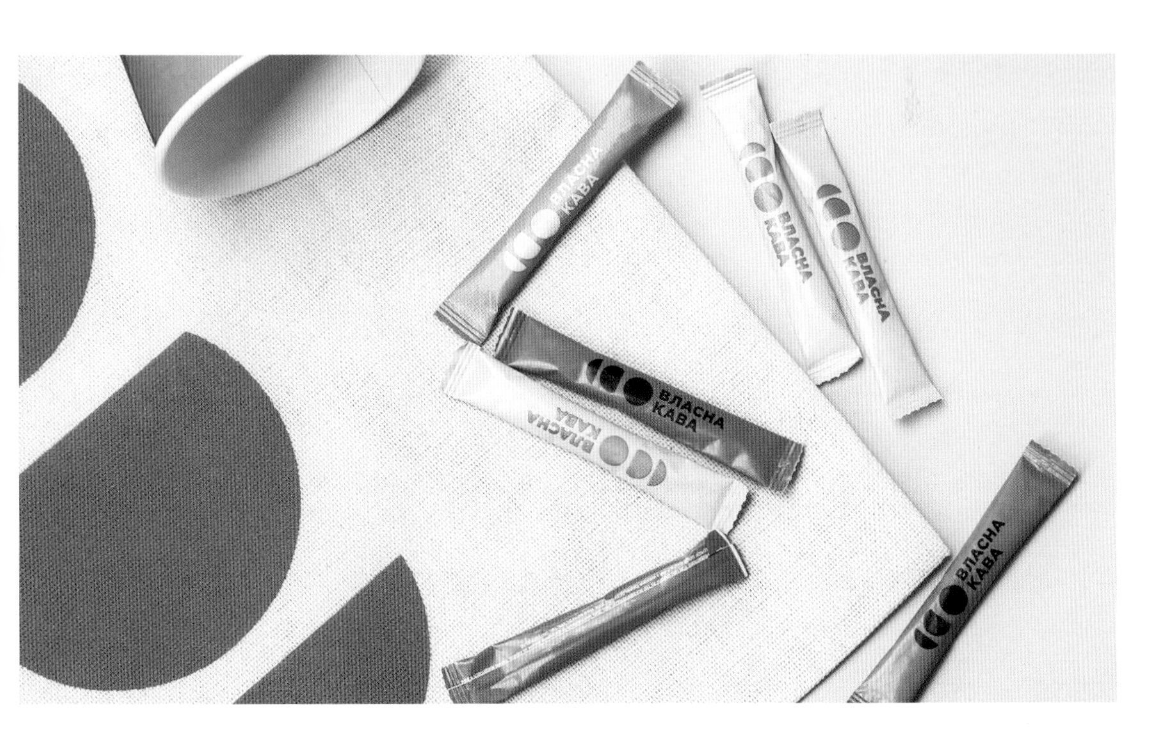
ВЛАСНА
КАВА
ВЛАСНА
КАВА
ВЛАСНА
КАВА
ВЛАСНА
КАВА
ВЛАСНА
КАВА
ВЛАСНА
КАВА

# LATTUCCINO

**拉图奇诺咖啡店 /**
**美国，菲利普斯堡**

舒适、静音、朴实

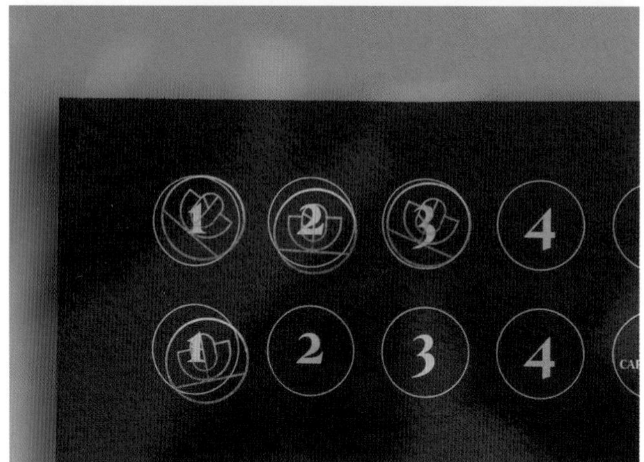

拉图奇诺咖啡店是一家专注于促进可持续发展和更健康的生活方式的纯素食咖啡店，出售种类丰富的有机素食产品。店名是由 Latte（拿铁）和 Cappuccino（卡布奇诺）两个词融合而来的，这两种咖啡的制作方法是这家咖啡店的主要特色。品牌标识的图形从中一分为二：一半是咖啡豆，代表店内出售的主要产品；另一半是一片叶子，象征素食主义。品牌采用舒适、朴实的色调，体现自然的元素。衬线字体是主要字体，呈现优雅的风格，无衬线字体作为补充，让文本的阅读体验更加舒适。

**设计机构：**meh. 设计工作室 **创意设计师：**玛西娅·昆特拉·维亚娜，米格尔·苏托 **摄影：**内森·杜姆劳

Lattuccino
VEGAN COFFEE SHOP
COFFEE BAR
SINGLE ORIGIN POUR OVERS $ varies
HOUSE BREWED COFFEE $2.90
SOLID COLD BREW $4.50
NITRO COLD BREW $4.95
BAKERY
Lattuccino
ESPRESSO BAR
ESPRESSO $2.75
AMERICANO $3.25
MACCHIATO $3.50
CORTADO $3.75
CAPPUCCINO $3.95
LATTE $4.25
VANILLA BEAN LATTE $5.25
DARK CHOCOLATE MOCHA $5.25
COFFEE BAR
SINGLE ORIGIN POUR OVERS $ varies
HOUSE BREWED COFFEE $2.90
SOLID COLD BREW $4.50
NITRO COLD BREW $4.95
BAKERY
CROISSANT $3.20
FRENCH TOAST $3.75
BERRY MUFFIN $3.95
COLD
HOT
EXTRAS:
EXTRA SHOT +$1.00
HOUSE MADE SYRUPS +$1.00

vegan coffee
noun [vee-guh-n kof-ee]
coffee au naturèl
I am plant based

Saint Petersburg, Russia

# Dreamers

## 梦想家咖啡馆 /
## 俄罗斯，圣彼得堡

**超现实主义插画与粗犷材料**

梦想家咖啡馆位于圣彼得堡中心的丰坦卡河堤岸，其品牌形象融合了 3 种元素。

与高级菜肴配合的葡萄酒清单包含了世界各地的有趣产品，优质咖啡在这里同样得到了专业的处理。

**设计机构：**F61 创意设计公司 **设计师：**拉娜·洛马基纳 **摄影：**阿纳托利·瓦西里耶夫 **室内摄影：**德米特里·茨伦什奇科夫

设计灵感来自菜肴的原创性和室内的野蛮风格，打造品牌形象以三者的对比为主线：超现实主义插画结合粗犷的材料、简洁的字体，展现了餐厅的理念。

设计团队认为展现品牌形象的关键在于设计本身。所有的水杯和外卖包装都配备了邮戳和贴纸，在平板电脑中可翻页的菜单上，同样也有邮戳标记。制作的简便性大大降低了成本，方便日后的广泛应用。

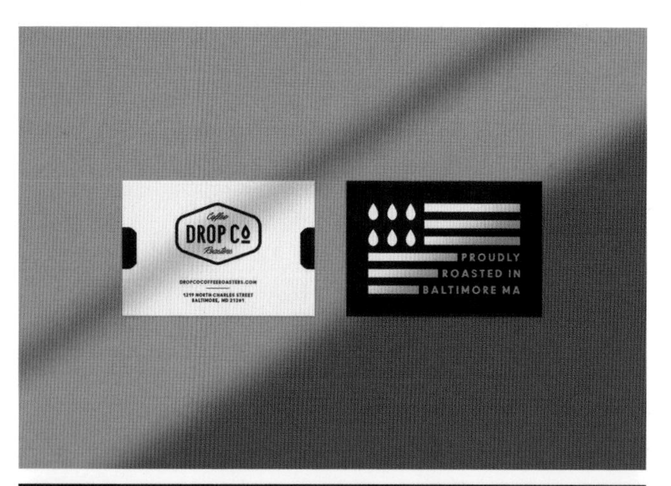

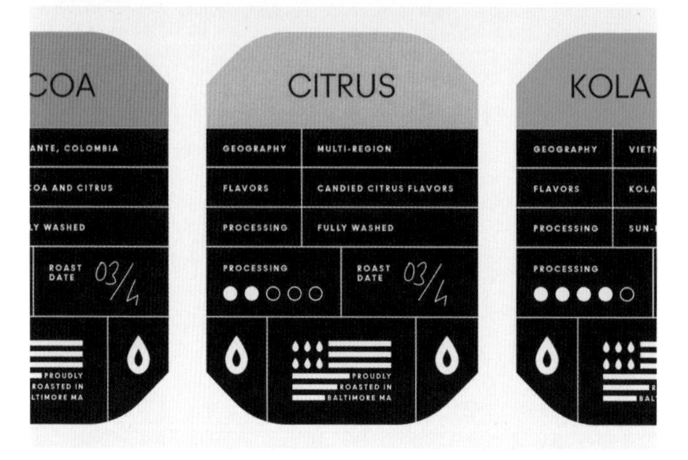


Baltimore, USA

# Drop Co. Coffee Roasters

## Drop Co. 咖啡烘焙 / 美国，巴尔的摩

### 柔和多彩的色彩

DROP CO
Coffee Roasters

这是为 Drop Co. 咖啡烘焙打造的现代而简约的品牌标识。品牌精神与柔和多彩的色彩融合在一起，传递出一边品尝咖啡，一边享受设计的神秘喜悦。

**设计机构 :** Marka Network 设计工作室

DROP Co
COFFEE
IS THE
GASOLINE
OF LIFE
COFFEE ROASTERS
DROP Co
ACIDITY NOTES
BODY NOTES
FINISH NOTES
AROMA NOTES
1
2

DROP Co
Cold
Brew

PROUDLY
ROASTED IN
BALTIMORE MA
DROP
Co

DROP Co
IT'S A
WONDERFUL
LIFE
AFTER
COFFEE
COFFEE ROASTERS

NOUN
DROP Co
COFFEEGASM
THAT LITTLE RUSG YOU FEEL AFTER
THAT FIRST SIP OF GOOD,
STRONG COFFEE.
PROUDLY ROASTED IN BALTIMORE MA

Kharkiv, Ukraine

# Beans & Brews

## Beans & Brews 咖啡馆 / 乌克兰，哈尔科夫

### 一条名叫“Beans”的腊肠犬和一只名叫“Brews”的鸟

这是一家位于乌克兰哈尔科夫的咖啡馆。咖啡馆的名字由咖啡豆和煮咖啡两部分组成。为了使这个名字拟人化，进而创造出鲜活的形象，设计团队发明了一条名叫“Beans”的腊肠犬和一只名叫“Brews”的鸟。它们的形象已经成为品牌标识的重要组成部分。

**设计机构：**Canape 设计公司 **创意设计师：**塔蒂安娜·基姆 **建筑：**阿纳斯塔西娅·克鲁赫 **客户：**Beans & Brews 咖啡馆

BEANS
& BREWS
coffee bar

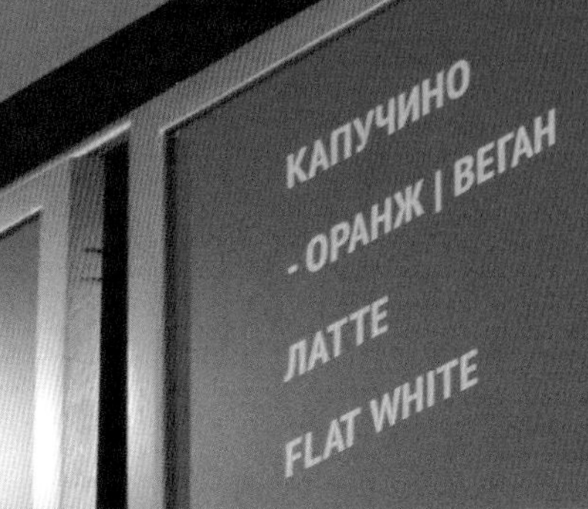
КАПУЧИНО
- ОРАНЖ | ВЕГАН
ЛАТТЕ
FLAT WHITE

EANS & BREWS

ПН – ПТ 8:00 - 21:00
СБ – ВС 9:00 - 21:00

УЛ. НОВГОРОДСКАЯ, 4
ХАРЬКОВ
BEANS
& BREWS
coffee bar
УЛ. НОВГОРОДСКАЯ, 4
ХАРЬКОВ
BEANS
& BREWS
coffee bar

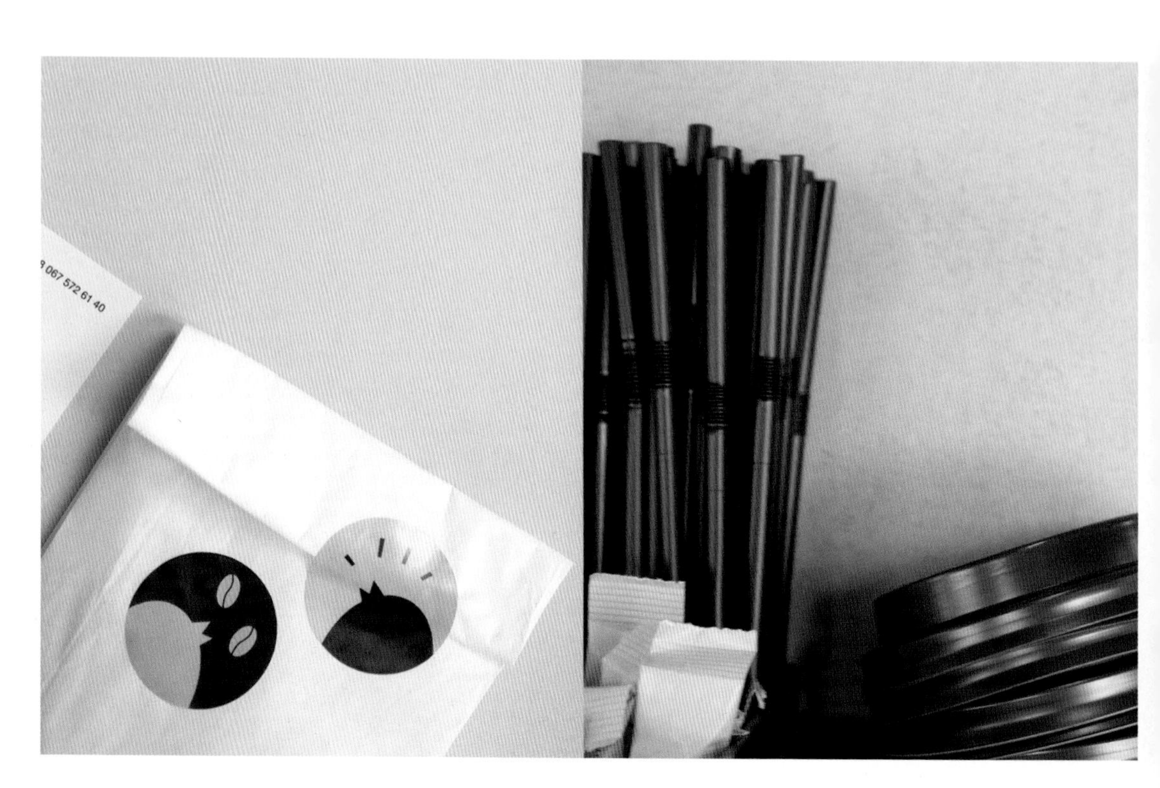
067 572 61 40

这家咖啡馆的理念是热情好客，并提供美味的咖啡、茶饮和甜点，这影响了品牌形象的设计。设计团队希望传达的信息是，每个来到咖啡馆的人都是有独特个性的人。这体现在构成符号和图形上——在腊肠犬的图像中，线条光滑流畅，而鸟被视为一个活跃的亮点。

在咖啡馆里，客人可以选择适合自己心情的饮料——一杯柔和的卡布奇诺或一杯醇香的浓缩咖啡。配色选择的是粉红色和绿色的反差组合，作为基本元素应用于室内空间。尽管有所不同，基本颜色在品牌形象中进行了同等比重的使用。

字体采用的 Grotesque 畸形字体，便于阅读和拼版，应用于品牌标识以及菜单、工作日程和印刷品的设计中。

纸杯是所有设计中的明亮元素，纸杯上的形象方便区分不同容量的杯子。

BEANS & BREWS
BEANS & BREWS
Макарон
25 00

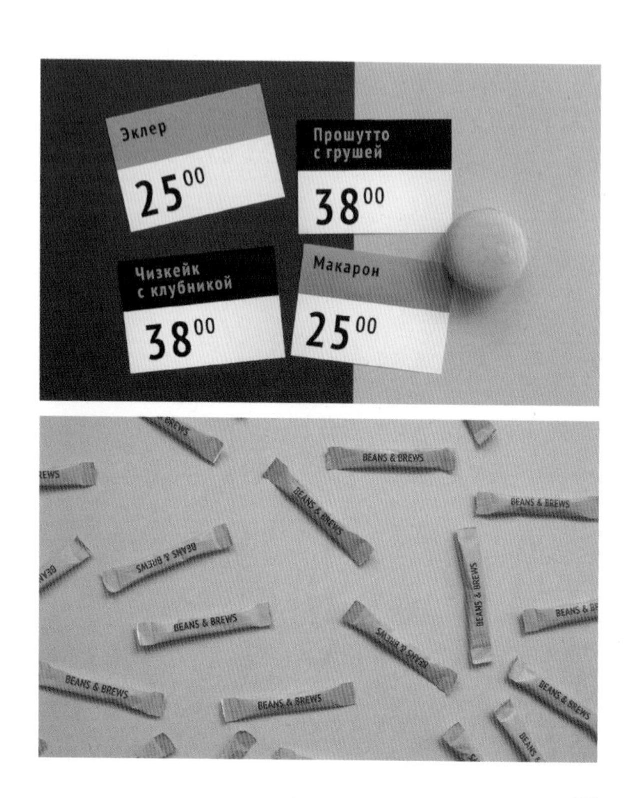
Эклер
25 00
Прошутто
с грушей
38 00
Чизкейк
с клубникой
38 00
Макарон
25 00
BEANS & BREWS

BEANS
& BREWS
coffee bar
САХАРНЫЙ
СИРОП
BEANS
& BREWS
coffee bar
МЁД
BEANS
& BREWS
coffee bar
ФУНДУК

ФУНДУК
МЁД
САХАРНЫЙ
СИРОП

Warsaw, Poland

# Herbata I Kawa

**Herbata I Kawa 综合咖啡馆 / 波兰，华沙**

**极简主义风格**

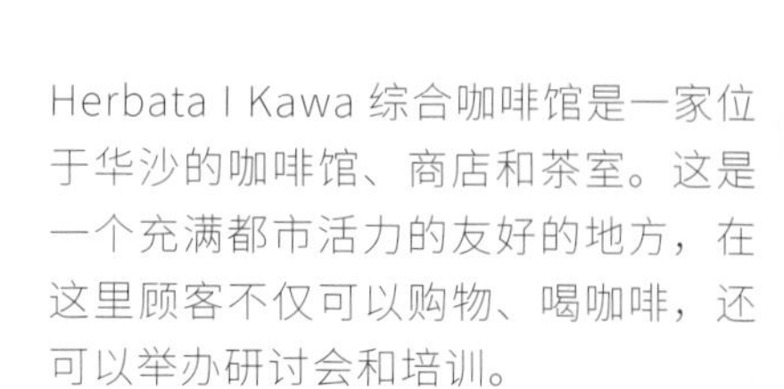

Herbata I Kawa 综合咖啡馆是一家位于华沙的咖啡馆、商店和茶室。这是一个充满都市活力的友好的地方，在这里顾客不仅可以购物、喝咖啡，还可以举办研讨会和培训。

极简主义风格的品牌标识和品牌设计以线性插画为基础，将咖啡和茶的故事娓娓道来。配色以黑色和棕色为主。

**设计师：**亚历山德拉·兰帕特 **摄影：**卡塔日娜·勒尼亚克，亚历山德拉·兰帕特

herbata
i kawa
Otwarte

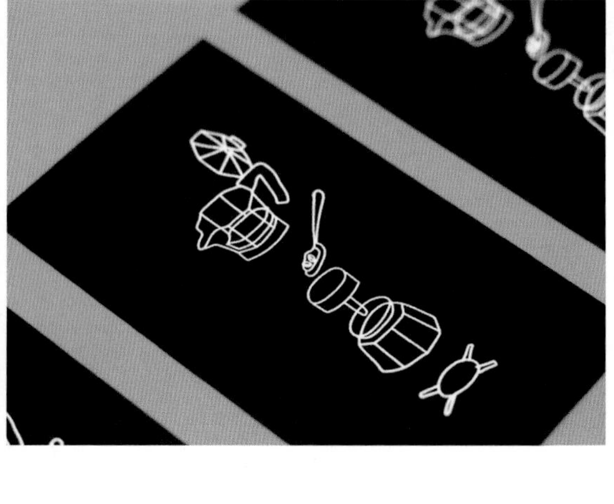

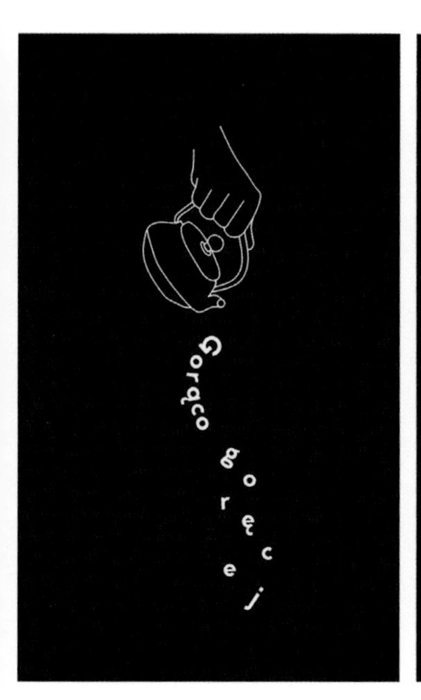
Gorąco gorącej

pobudka słoneczko

Tokyo, Japan

# Connel Coffee

## Connel 咖啡 / 日本，东京

### 如一块黏土雕塑

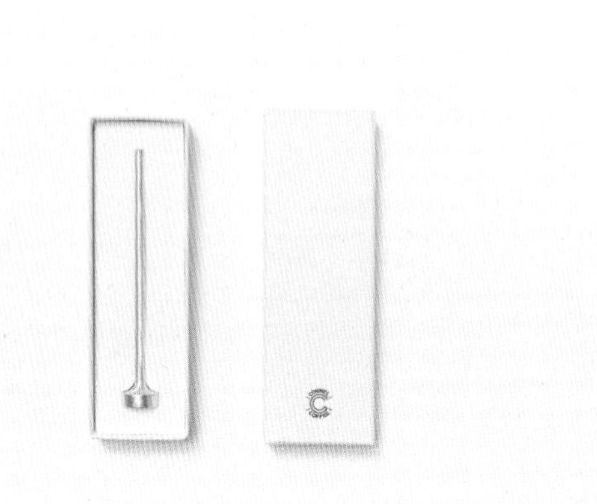

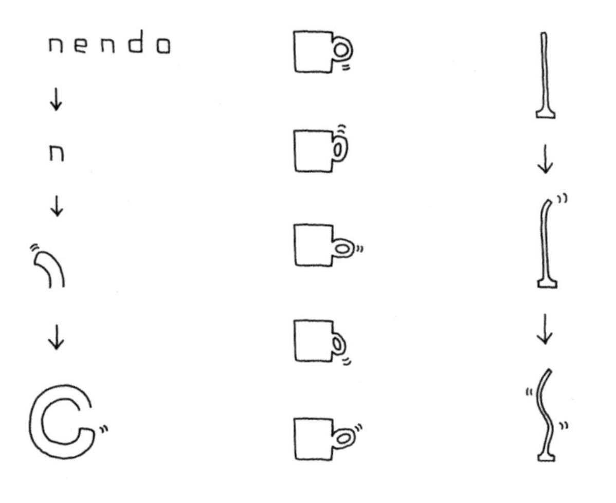


这是一家位于东京港区草月会馆二楼的咖啡厅。建筑原有的室内空间保存完好，与 1977 年丹下健三设计完成时一样。这里风景优美，可以看到赤坂地产、清高桥纪念公园和野口勇设计的石头花园。为了保留特点，店内的墙壁和顶棚被保留下来，没有添加新的墙壁固定装置，只对地板和家具进行重新设计。由 nendo 设计工作室打造的“小溪”地板贯穿整个空间，流畅地实现了两个分区空间的统一。

**设计机构：**nendo 设计工作室 **创意设计师：**佐藤大

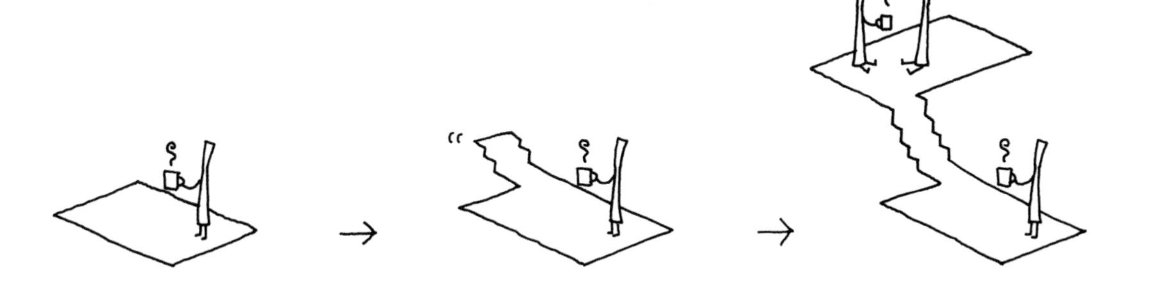

CONNEL
COFFEE

柜台的顶部是有黑色光泽表面，与顶棚的灰镜效果相搭配。在休息区内，埃罗·沙里宁设计的“郁金香椅”已经用黑色亚光漆进行了修复，以便重新使用。配套的郁金香桌也得到修复，在桌面上安装与顶棚相同的镜面材料。室内设计呈现出原始空间的固有属性和优点。

咖啡馆主要由 nendo 设计工作室经营，设计灵感来自工作室与各行各业不断增长的合作，“Connel”是对日语单词“Koneru”的一种模仿，意为捏或塑，就如一块黏土雕塑。

“nendo”在日语中的意思是“黏土”。这家咖啡馆的品牌标识是将“nendo”中的“n”弯曲成两个“c”。同样，工作室最初设计的马克杯的把手都是经手工弯曲或“揉捏”而成的，每个杯子有独特的形状。此外，搅拌棒采用可以保持直立的设计，选用锡材料制成，因此随着持续使用，它会逐渐软化并改变形状。

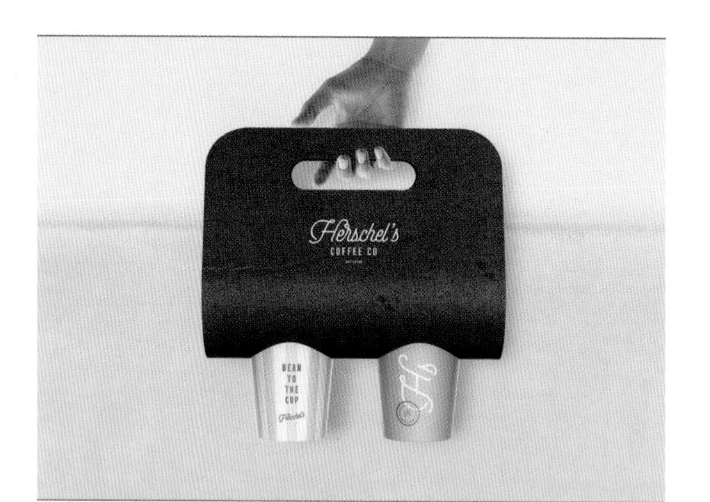


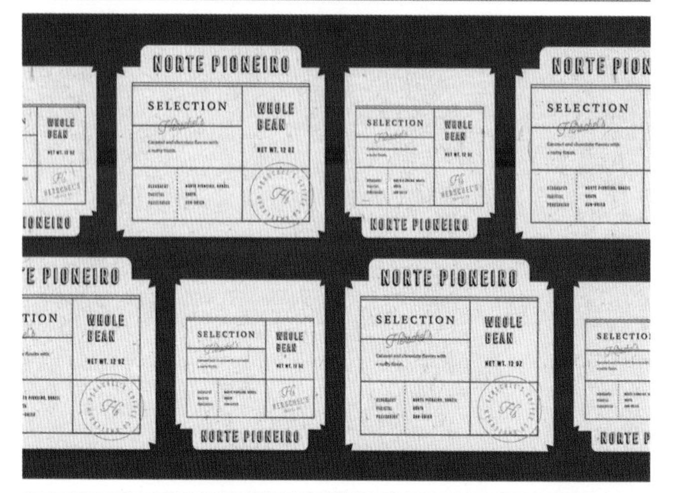

Amsterdam, the Nederlands

# Herschel's Coffee Co

赫歇尔咖啡 /
荷兰，阿姆斯特丹

复古而简约

这是为赫歇尔咖啡打造的复古而简约的品牌标识。设计师从咖啡豆中汲取赫歇尔咖啡品牌形象的配色设计灵感，搭配蓝色打造出对比效果。在设计中交替使用乳白色等柔和的颜色，得到一个复古、简单而简约的品牌 / 包装设计方案。

**设计机构：**Marka Network 设计公司

HERSCHEL'S
COFFEE CO
NORTE PIONEIRO
SELECTION
WHOLE
BEAN
NET WT. 12 OZ

HERSCHEL'S
COFFEE CO

BEAN
TO
THE
CUP

Tokyo, Japan

# Gacha Gacha Coffee

## 扭蛋咖啡 / 日本，东京

### 体验式的平和时光

在日本，特色连锁咖啡店和第三波咖啡店的兴起以及便利店咖啡的普及，使咖啡的选择和享用方式更加多样化。喝咖啡成为人们生活中不可缺少的一部分。在这一趋势的发展过程中，许多连锁咖啡店和咖啡馆都面临着由于出生率下降而造成的严重的劳动力短缺。

除了人力资源的问题之外，咖啡企业还希望员工对咖啡有深入的了解，掌握客户服务技能，会使用收银机、烹饪、上菜和清洁等。尽管如此，在很多情况下，缺乏足够的培训时间和人员投入成本导致服务质量下降，最终引起客户不满。因此充分利用技术创建无人商店来解决这一问题，但咖啡馆被设计为体现模拟元素的自助服务店铺。

这家咖啡馆位于六本木之丘观景台，顾客进入店内，首先映入眼帘的是井然有序的扭蛋机器。这些机器通常售卖玩具，顾客在这里使用它们购买冲泡一杯咖啡所需的咖啡豆胶囊。不仅顾客有各种各样的选择，有些机器还包含多种混合咖啡豆，甚至还有稀有的“秘密”咖啡豆，这种遇见一种未知味道的机会为购买体验增加不少惊喜。在选好胶囊后，顾客自己将购买的咖啡豆放入研磨机，研磨好的咖啡粉落入咖啡滤杯，最后在萃取器上摆好滤杯和咖啡杯，按下按钮，制作好的咖啡就出来了。

**合作者：**tom（空间）/ tku（图形）/ mit（电影）/ Tze Toh（音乐）
**摄影：**吉田明弘，大田拓美

COFFEE SHOP

COMMUNICATION → ORDER → CASHIER → MAKE COFFEE → SERVE → CLEAN & MAINTENANCE

GACHA GACHA COFFEE

COMMUNICATION → CLEAN & MAINTENANCE

人气很高的知名咖啡馆扭蛋咖啡精选咖啡豆，并设置好研磨机和咖啡机，让顾客尽情享受现磨、现煮滴滤咖啡的纯正口感和香气。简化操作并让顾客参与咖啡的制作过程，员工的作用被削弱，可以花更多时间与顾客沟通。另外，顾客参与咖啡制作可以让他们从在沮丧地排队等咖啡时经常感到的压力中解脱出来。换句话说，设计目的并不是要打造一个完全自动化的咖啡馆，而是要为顾客和员工提供一段舒适平和的时光。

STEP1 SELECT & BUY
お好みのコーヒー豆を選びます。
6 種類のガチャガチャから
一杯分の豆が入ったカプセルを購入します。
Choose your favorite coffee beans
form 6 types of GACHA GACHA.
Purchase beans in capsule.
STEP2 GRIND
カプセルからパウチを取り出し、
中の豆を投入口に入れてスイッチを ON にします。
ドリッパー取り出し口の点滅が終了したら
グラインド完了です。
Remove the pouch from the capsule,
put the beans in the funnel and turn on the switch.
When the dripper outlet blinks,
grinding is complete.
STEP3 BREW
ドリッパーを上部のアームにセットし、
所定の位置に紙コップを置きます。
モニターの画面を操作して、
お好みの抽出コースでドリップします。
Set the dripper on the upper arm,
place the paper cup under the dripper.
Select your favorite brewing course.

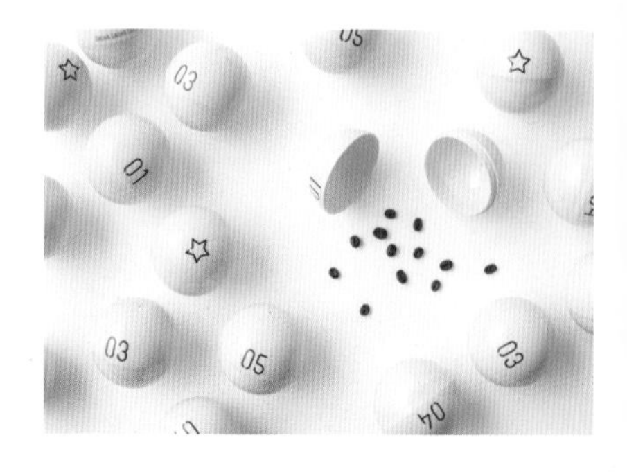

01
02
03
04
05

GACHA
GACHA
COFFEE
GACHA
GACHA
COFFEE
01
02
03
04
05

Fuzhou, China

# No Sugar

## No Sugar 精品咖啡 /
## 中国，福州

### 一家纯粹的咖啡馆

每个人的心里都有一块神奇的大陆，有的人任其荒废，活在坚实却虚幻的世界里；有的人穿越千山万水与之相见，却仿佛陷入孤岛。No Sugar 精品咖啡创始人 Jin 说："就是想开一家纯粹的精品咖啡馆，不论什么天气，若有路过都可以进来，放松地喝一杯质地纯正的咖啡。"这是一个感受性很强的想法，将精品咖啡馆纯粹的特质和 Jin 本人对事情认真的态度融合，开始搭建整个品牌系统。其内容包括品牌核心文化定位、品牌的中英文命名、品牌标识及 VI 形象系统、空间软装等。

**设计总监：**吴王韬 **空间软装：**GNJ，Jeep **摄影：**申不思

NO SUGAR
SPECIALTY COFFEE

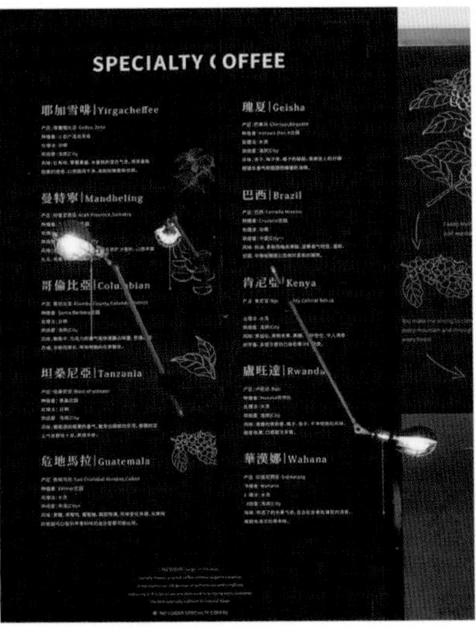
SPECIALTY COFFEE
耶加雪啡 | Yirgacheffee
瑰夏 | Geisha
曼特寧 | Mandheling
巴西 | Brazil
哥倫比亞 | Columbian
肯尼亞 | Kenya
坦桑尼亞 | Tanzania
盧旺達 | Rwanda
危地馬拉 | Guatemala
華漢娜 | Wabana

ECIALTY COFFEE

Al-Hasa, Saudi Arabia

# Kanzan

## 坎赞咖啡店 / 沙特阿拉伯，哈萨

阿拉伯山脉的味道

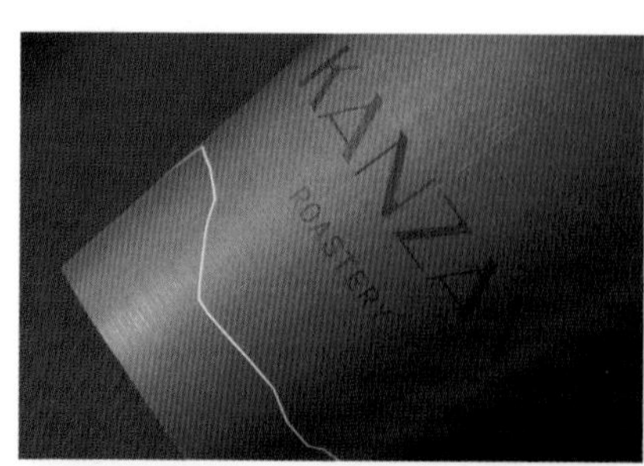

这是一家位于沙特阿拉伯的咖啡店。品牌概念的灵感来自咖啡店所处的位置，它位于克桑（Knzan）山上的城堡内。平面设计方案暗示该地区岩石和乡村的特点，同时混合着城堡的优雅。为了实现这种感觉，设计团队绘制了抽象的山的形象，在整个图形系统中使用细线以及大地色系。蓝色和金色用来平衡坚强与优雅的感觉。品牌标识采用的是带有对比的风格化字体，灵感来自咖啡店的拱门。坎赞，来自阿拉伯山脉的味道。

**设计机构和摄影：**Futura 工作室

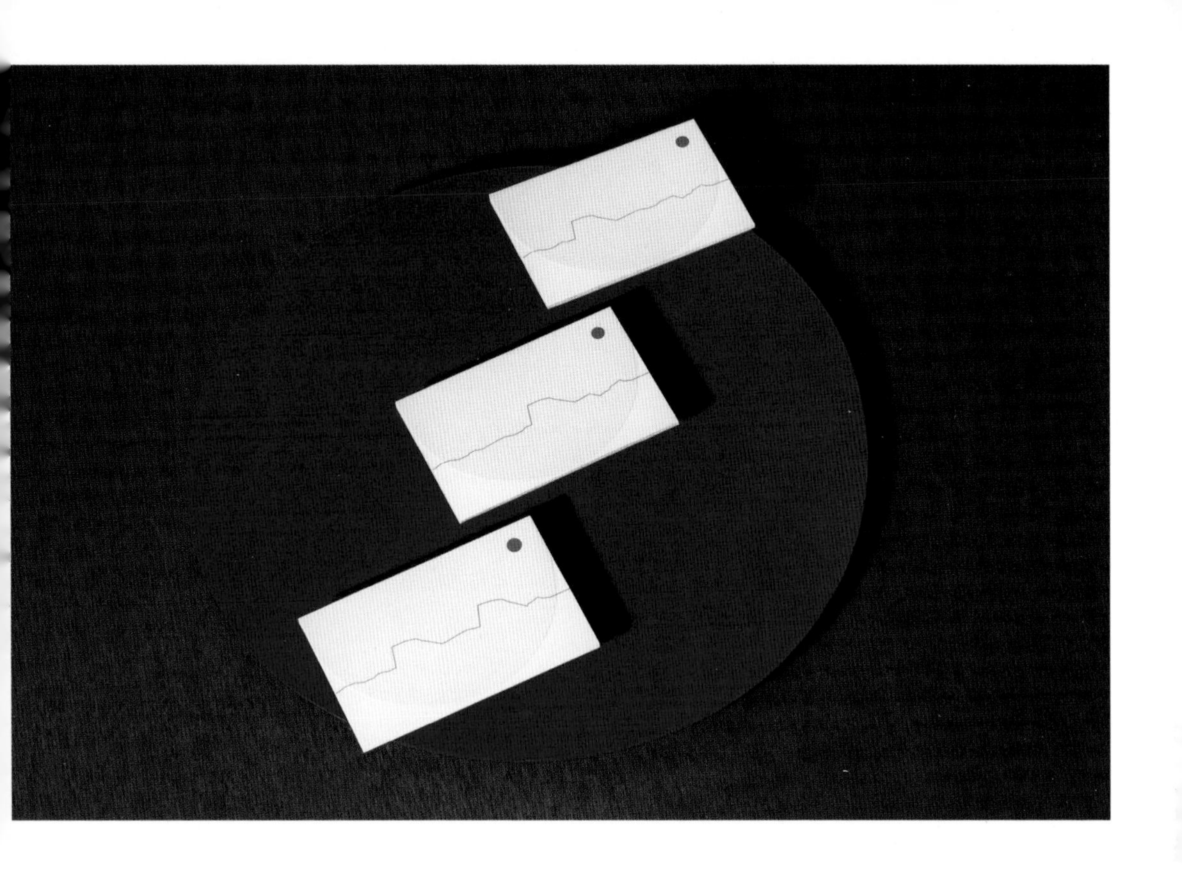

KANZAN
Dark Chocolate
80% Cacao
90 Gr.
Crushed Coffee, Oraginc chocolate,
and Marlborough Sea Salt
Kanzan Chocolate bar
Region: El Salvador
E.D:19.12.20

KANZAN
Milk Chocolate
70% Cacao
90 Gr.
Coffee, Organic Cacao,
and Marlborough Sea Salt
KANZAN

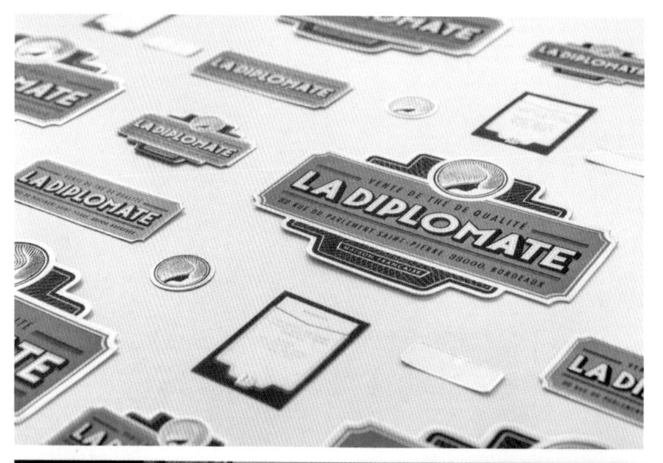


Bordeaux, France

# La Diplomate

## 女外交官精品茶 / 法国，波尔多

### 现代主义风格与经典细节的结合

这是一场茶的盛典，店内提供 60 多种来自世界各地的茶。这个华丽的 18 世纪店面坐落在法国波尔多市中心古雅的步行街上，这里刚刚被联合国教科文组织列为世界遗产。设计团队为品牌打造了视觉形象和包装方案。设计师发现店内提供的茶饮有着令人晕眩的复杂口味，便为其寻找一个大胆的视觉形象。因此创作了一个神秘女外交官的故事，她曾经周游世界寻找最稀有、最优质的茶叶。设计师用简单的笔触创造了她的形象，将现代主义风格与经典细节相结合，打造出不受时间限制的外观。顾客可以在店内体验茶丰富多彩的历史。店铺还保留了许多历史特征，包括 17 世纪的壁炉，20 世纪 80 年代的金属办公室顶棚以及镀金细节。就像那位女外交官一样，这家店对于这个世界，是独立的，是别致而开放的。

**设计机构：**Rice 创意公司 **客户：**女外交官精品茶

VENTE DE THÉ DE QUALITÉ
LA DIPLOMATE

30
LA DIPLOMATE

Buenos Aires, Argentina

# Deer Coffee

## 鹿咖啡 /
## 阿根廷，布宜诺斯艾利斯

### 图形语言里的家族基因

这是为阿根廷的鹿咖啡创作的视觉形象和包装设计。在第一次接触中，设计团队确定了诠释品牌精髓的关键词：家族、起源、精致、优雅。

鹿咖啡由一对双胞胎姐妹运营，因此在项目的第一阶段，设计团队就决定从她们的家庭中寻找设计灵感。

**设计机构：**芭芭拉设计公司 **创意设计师：**芭芭拉·罗德里格斯 **摄影：**芭芭拉·罗德里格斯

EST 2001
Deer Coffee
tostado oscuro
molienda media
alta intensidad
154 G
CAFÉ TOSTADO EN GRANOS
EST 2001
Deer Coffee
tostado oscuro
molienda gruesa
intensidad media
250 G
CAFÉ TOSTADO EN GRANOS

EST 2001
Deer Coffee
tostado oscuro
molienda media
alta intensidad
154 G
CAFÉ TOSTADO EN GRANOS

EST 2001
Deer Coffee
tostado oscuro
molienda media
alta intensidad
154 G
CAFÉ TOSTADO EN GRANOS

EST 2001
Deer Coffee
tostado oscuro
molienda media
alta intensidad
154 G
CAFÉ TOSTADO EN GRANOS

Riyadh, Saudi Arabia

# The Source

## 源咖啡 / 沙特阿拉伯，利雅得

### 颜色与现代风格图案

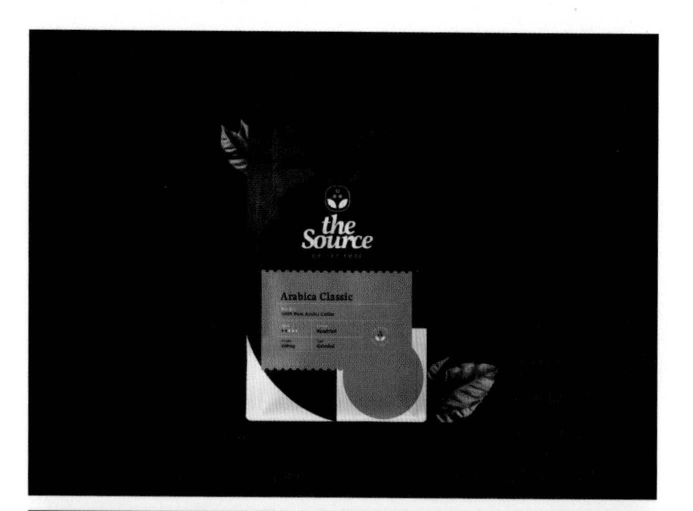

源咖啡是沙特阿拉伯的一家小型咖啡店和餐厅，地处海湾地区。品牌计划在此扩展业务并开设新的分店。

**设计机构：**FEstúdio Kuumba 设计工作室 **客户：**源咖啡

the Source
COFFEE SHOP
Arabica Classic
100% Pure Arabic Coffee
Sundried
Grinded
250mg

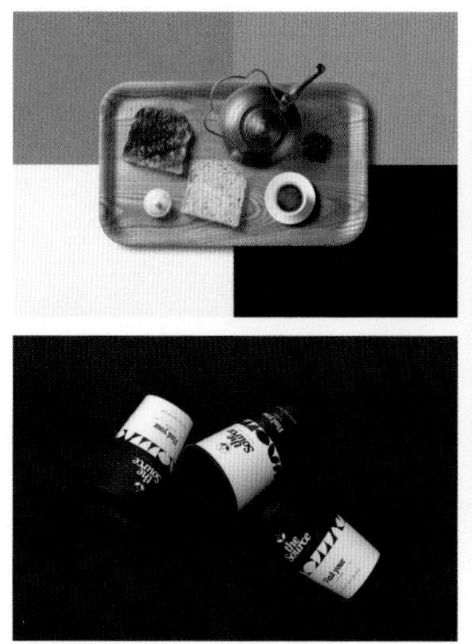

the Source
Find your
FLAVOR

店主希望设计团队开发出一套有竞争力的视觉形象，可以体现出店主对客户和专业供应商的承诺。

设计以一个现代风格的品牌标识为起点，搭配独特的字符。然后用店内已有的黑色、棕色和白色暗示品牌的主要价值，并打造出现代风格的品牌外观。为了加强品牌的存在感，设计师着重强调配色与现代风格的图案，创造出典雅、简洁、动感的包装设计。

the Source
COFFEE SHOP
Arabica Classic
100% Pure Arabic Coffee

the Source
COFFEE SHOP
Arabica Classic
100% Pure Arabic Coffee
Sundried
Grinded

Cagayan de Oro, the Philippines

# H Proper Coffee Roasters

H Proper 烘焙咖啡 /
菲律宾，卡加扬德奥罗

店名与网格语言

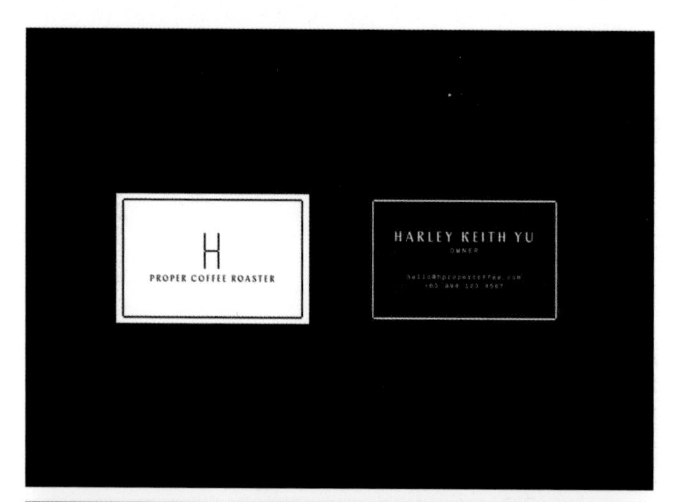

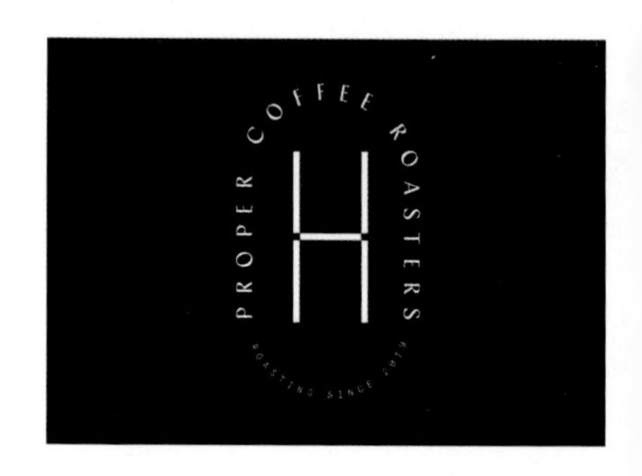


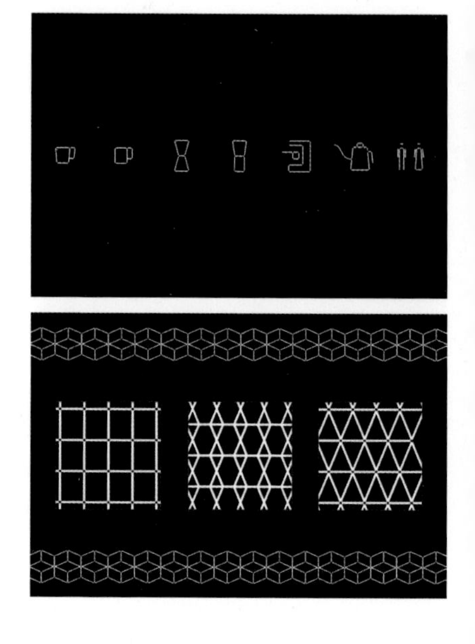

H Proper 烘焙咖啡是卡加扬德奥罗第三次咖啡馆浪潮中的先驱店铺之一，也是首家在店内安装咖啡烘焙机的咖啡馆。品牌的名字取自热爱咖啡以及咖啡教育的店主名字的首字母。为了在视觉上将店名转化为品牌形象，设计团队针对字母“H”的特征设计了网格系统。

**设计机构：**Uncurated 设计工作室

COFFEE ROASTERS

PROPER COFFEE ROASTER

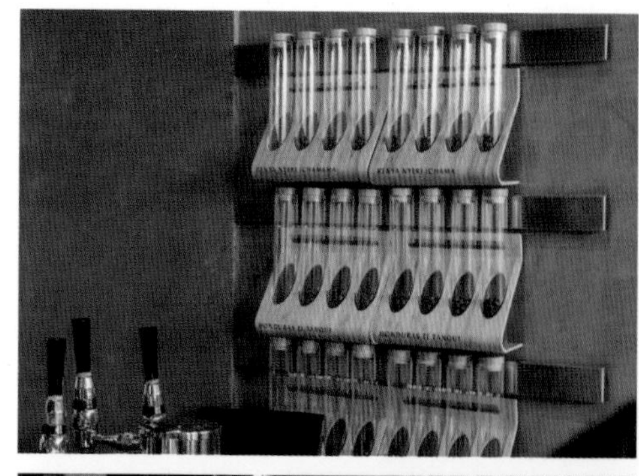

网格系统与“Proper”（适当）这个词意思相符。整个品牌形式直接而纯粹，灵感来自咖啡的制作艺术。品牌架构中的一切都以品牌标识的视觉形象为线索。这些在指示牌上的网格系统和不同的图标等都很明显。

PROPER COFFEE ROASTERS
Ethiopia Gesha Village Lot 42
Origin / Farm
Variety
Natural
Process
Elevation
Berries, Ripe Mangoes, Candied Oranges
Taste Profile
Ethiopia Hambela
Origin / Farm
Heirloom
Variety
Natural
Process
2,100masl
Elevation
Fruity, Some Florals, Smooth, Clean, Balanced
Taste Profile
Honduras El Tanque
Origin / Farm
Variety
Washed
Process
1,670masl
Elevation
Berries, Fruity, Juicy
Taste Profile
Kenya NyeriIchamama
Origin / Farm
SL-28, SL-34, Ruiru 11
Variety
Washed
Process
1,750masl
Elevation
Fruity, Syrupy, Citric, Sweet
Taste Profile

PROPER COFFEE ROASTERS
Honduras El Tanque
Ethiopia Gesha Village Lot 42
Origin / Farm
ETHIOPIA HAMBELA DIMTU
650
HONDURAS EL TANQUE
650
ETHIOPIA GESHA VILLAGE LOT 42
1500
Ethiopia Hambela

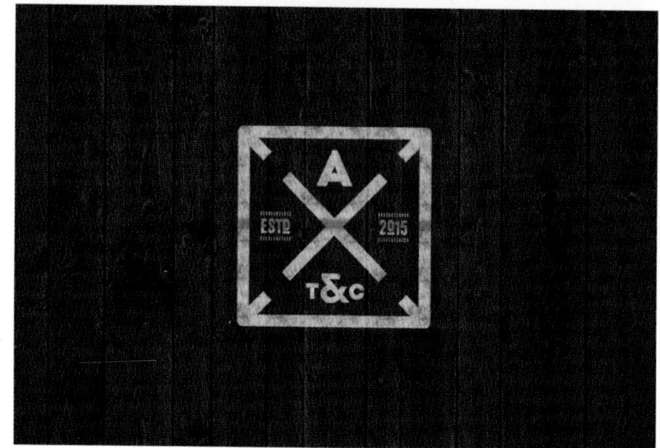


Budapest, Hungary

# Amsterdam Tanning & Café

阿姆斯特丹日光浴和咖啡馆 / 匈牙利，布达佩斯

阿姆斯特丹的标志性元素

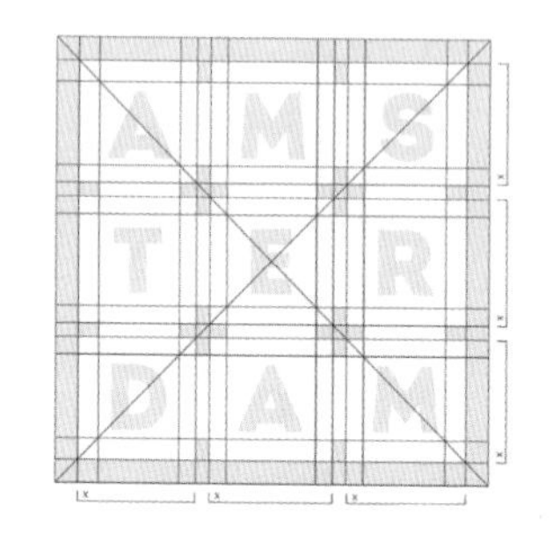

阿姆斯特丹日光浴和咖啡馆是一个有双重享受的地方。顾客有机会在这里使用浴床，一边享用不错的咖啡或新鲜、健康的饭菜，一边与朋友聚会。咖啡馆位于匈牙利布达佩斯，但室内设计和许多标志性元素以阿姆斯特丹为灵感来源。

**艺术指导与设计：**希尔卡·里巴，格拉菲斯德 **室内设计：**米哈莉·希科斯，奇科斯·泰尔夫·埃皮兹罗达

AMS
TER
DAM
TANNING & CAFÉ
ESTD 2015
T&C
MEGHÍVÓ

ESTD 2015
AMSTERDAM

AMS
TER
DAM
SUN

AMS
TER
DAM
CAFÉ

AMS
TER
DAM
ORGANIC

AMS
TER
DAM
SPORT

AMS
TER
DAM
TO GO

AMS
TER
DAM
SUN

AMS
TER
DAM
CAFÉ

AMS
TER
DAM
ORGANIC

AMS
TER
DAM
SPORT

AMS
TER
DAM
TO GO

AMSTERDAM

品牌标识需要广泛应用于各种平台，因为阿姆斯特丹不仅是这家日光浴和咖啡馆的店铺名称，也是健康食品和饮料产品的品牌名称。

### 品牌标识

在阿姆斯特丹市徽上有 3 个银色的圣安德鲁十字架。在设计中同样使用了这个数字，这就是为什么“Amsterdam”（阿姆斯特丹）被写在一个 3×3 的网格里。

在品牌标识中没有日光浴和咖啡馆的字样，而是设计了附加的符号作为补充的设计元素。

### 品牌分支

阿姆斯特丹品牌由多个元素（日光浴、咖啡馆、有机等）构成，每个元素有不同的图案。每个图案在概念上都与它所象征的元素有联系。

### 象形图

设计与品牌标识相关的象形图用以补充品牌标识。

Guangzhou, China

# 12oz Coffee

12oz 咖啡 /
中国，广州

“手工咖啡运动”

12oz 咖啡是专注于高品质、价格实惠的中国咖啡品牌。Box 品牌设计公司采用“手工咖啡运动”的理念来呈现 12oz 咖啡独有的品牌特质。在这个理念下，12oz 咖啡以其定制咖啡的工艺体现了原创性。

**设计机构：**Box 品牌设计公司 **设计总监：**卢伟光 **艺术总监：**钟澍洁 **设计师：**黄曼曼，梁蒨雯 **文案：**叶文婷，王艺臻 **战略分析：**叶文婷，王艺臻 **客户：**12oz 咖啡

12oz COFFEE
12
oz
新年浓醇问候
98
188

12oz COFFEE
12oz COFFEE
新年浓醇问候
12
oz
意式咖啡 Italian Coffee

Zhuhai, China

# Bittersweet

## 苦甜咖啡馆 / 中国，珠海

### 如家般温暖的熟悉感

苦甜咖啡馆是一间明亮、精致的咖啡馆。Box 品牌设计公司用如家般温暖的熟悉感和英式外观打造出品牌标识。视觉形象是一只抽象的凤凰。从标识设计到咖啡馆餐具的一系列设计体现了苦甜店主的个性和意志——用最优质的食物和舒适的环境来服务顾客。

**设计机构：**Box 品牌设计公司 **设计总监：**卢伟光 **艺术总监：**钟澍洁 **客户：**苦甜咖啡馆

BITTERSWEET

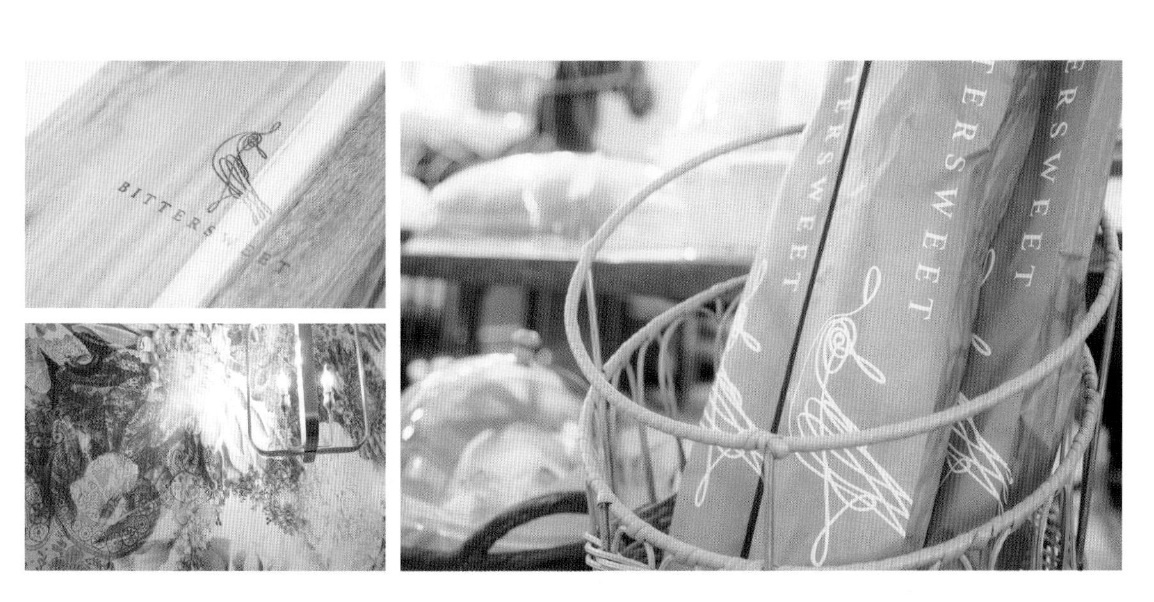
BITTERSWEET

Lhasa, China

# Lafè Coffee Lhasa

拉萨咖啡 /
中国，拉萨

藏地青年潮流艺术平台

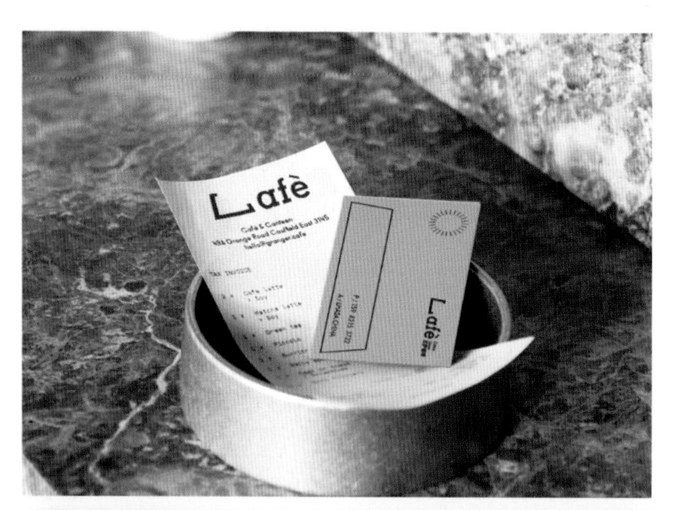

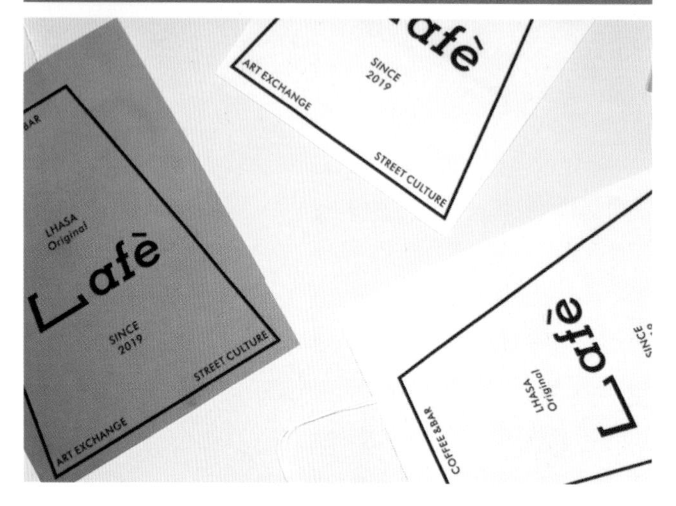

这是一家生长于拉萨，却与著名英籍艺术家贡嘎加措合作的概念咖啡店，并融入了 GG POPSHOP 艺术品交流平台与 LSC（LHASA CITY，一个藏地青年潮流艺术平台）的概念。

**设计机构：**果术品牌事务所 **设计总监：**陈紫阳 **设计师：**舒敏，唐琴 **客户：**拉萨咖啡

Lafè
SINCE LHASA 2019
SINCE
2019
LHASA
Original
LESS IS MORE
COFFEE &BAR
LHASA
Original
Lafè
SINCE
2019
ART EXCHANGE
STREET CULTURE

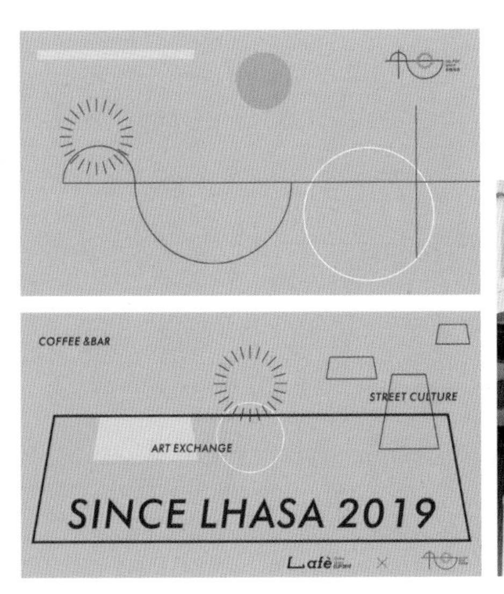
COFFEE &BAR
STREET CULTURE
ART EXCHANGE
SINCE LHASA 2019
Lafè

Lafè × GG POPSHOP

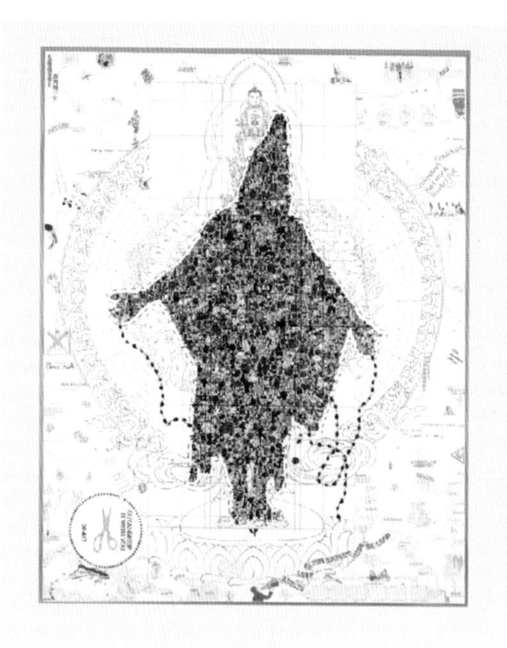

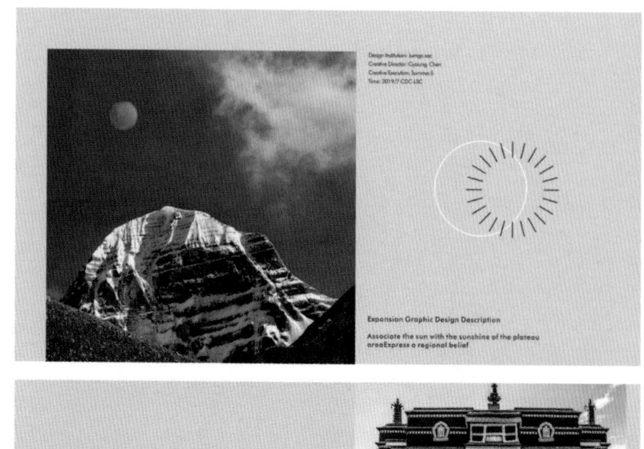


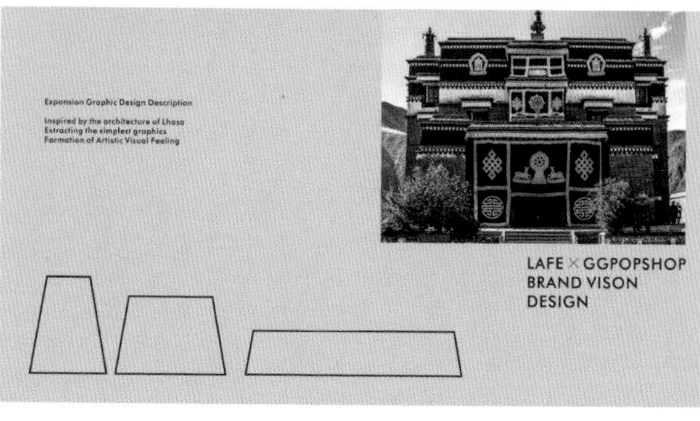


在设计的概念里设计团队换了一种思维去表现在地性的因素，抛开所有与这个地域相关的宗教与政治。设计团队希望设计是艺术的、国际的，但同时也是有自身基因的。

从藏地的自然和人文元素思考，从太阳与建筑中提取出基础的图形，再以极简的方式进行重组，目的就是以一种全新的姿态去表达一个古老的命题。因此拉萨咖啡在拉萨才显得愈加独特。

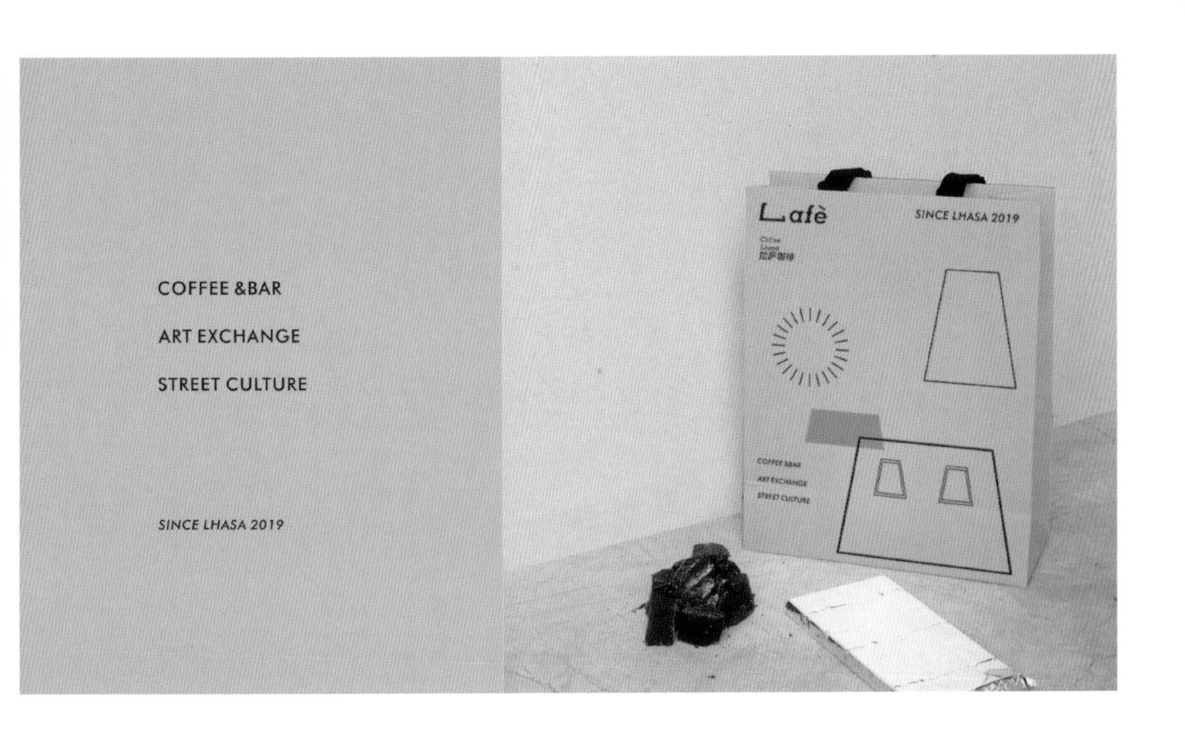
COFFEE &BAR
ART EXCHANGE
STREET CULTURE
SINCE LHASA 2019
Lafè
SINCE LHASA 2019
COFFEE &BAR
ART EXCHANGE
STREET CULTURE

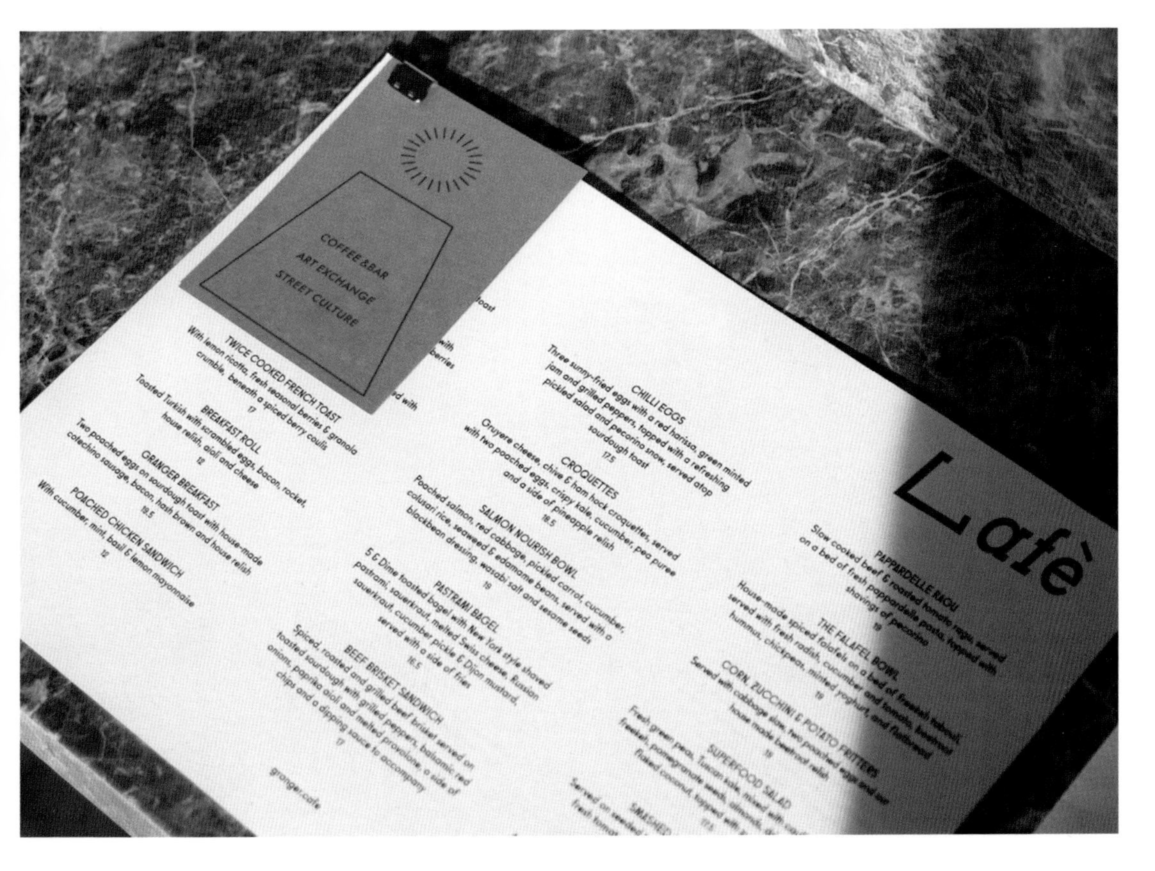
COFFEE &BAR
ART EXCHANGE
STREET CULTURE
TWICE COOKED FRENCH TOAST
With lemon ricotta, fresh seasonal berries & granola crumble, beneath a spiced berry coulis
17
BREAKFAST ROLL
Toasted Turkish with scrambled eggs, bacon, rocket, house relish, aioli and cheese
12
GRANGER BREAKFAST
Two poached eggs on sourdough toast with house-made cotechino sausage, bacon, hash brown and house relish
19.5
POACHED CHICKEN SANDWICH
With cucumber, mint, basil & lemon mayonnaise
12
CHILLI EGGS
Three sunny-fried eggs with a red harissa, green minted jam and grilled peppers, topped with a refreshing pickled salad and pecorino snow, served atop sourdough toast
17.5
CROQUETTES
Gruyere cheese, chive & ham hock croquettes, served with two poached eggs, crispy kale, cucumber, pea puree and a side of pineapple relish
18.5
SALMON NOURISH BOWL
Poached salmon, red cabbage, pickled carrot, cucumber, calurari rice, seaweed & edamame beans, served with a blackbean dressing, wasabi salt and sesame seeds
19
PASTRAMI BAGEL
5 & Dime toasted bagel with New York style shaved pastrami, sauerkraut, melted Swiss cheese, Russian sauerkraut, cucumber pickle & Dijon mustard, served with a side of fries
16.5
BEEF BRISKET SANDWICH
Spiced, roasted and grilled beef brisket served on toasted sourdough with grilled peppers, balsamic red onions, paprika aioli and melted provolone, a side of chips and a dipping sauce to accompany
17
granger.cafe
Lafè
PAPPARDELLE RAGU
Slow cooked beef & roasted tomato ragu, served on a bed of fresh pappardelle pasta, topped with shavings of pecorino
THE FALAFEL BOWL
CORN, ZUCCHINI & POTATO FRITTERS
SUPERFOOD SALAD

Chengdu, China

Mr.R 岩石先生咖啡 /
中国，成都

一个具有绅士感的 IP

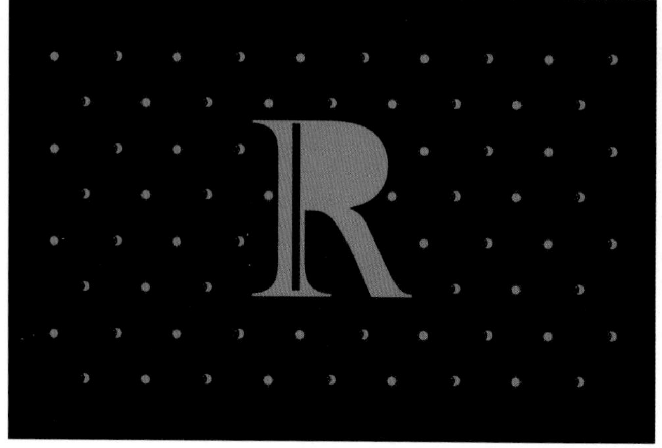

这是一家地道的英式下午茶和咖啡馆，设计团队尽可能考虑从品牌到空间设计去还原英伦式的感受。

Mr.R 的名称来源于店主的名字，因此，在设计的时候考虑将其作为第一 IP，一个具有绅士感的侧面形象，同时巧妙地将帽子与咖啡杯相结合，将品牌的名称、业态、地域感受融合到一起。

**设计机构：** 果术品牌事务所 **设计总监：** 陈紫阳 **设计师：** 舒敏，唐琴 **客户：** Mr.R 岩石先生

MR.R

There is
only one kind of
whole life
in your own way
HELLO MISS

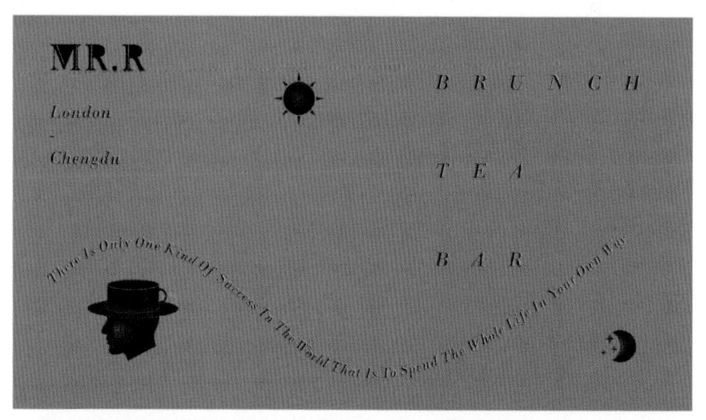

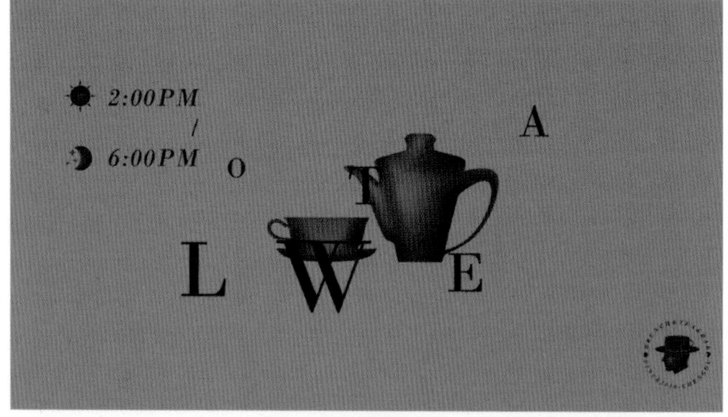


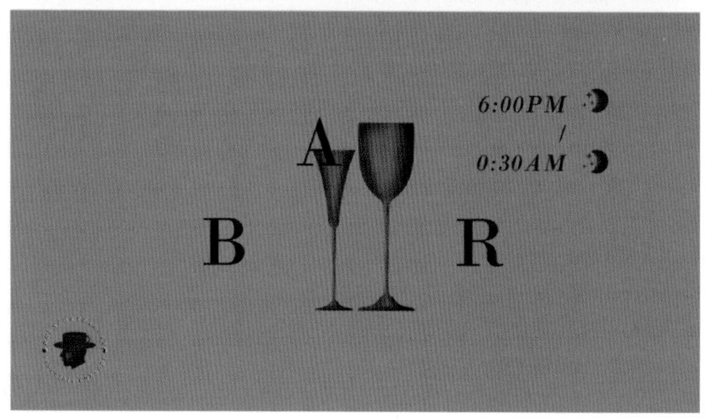


整个衍生图形设计都基于业态去延展。作为一家全时段全业态的店铺，Mr.R 岩石先生咖啡包含早午餐、下午茶以及夜间酒吧的业态，因此设计团队也将时间的概念融入整个品牌设计。

当随着时间而进行业态转变的时候，整个餐厅的氛围、灯光都会转变，在色彩关系上设计团队做到了品牌与空间的统一化。配色以黑色为主，金色作为辅助色，打造一种神秘的、精致的视觉感受。

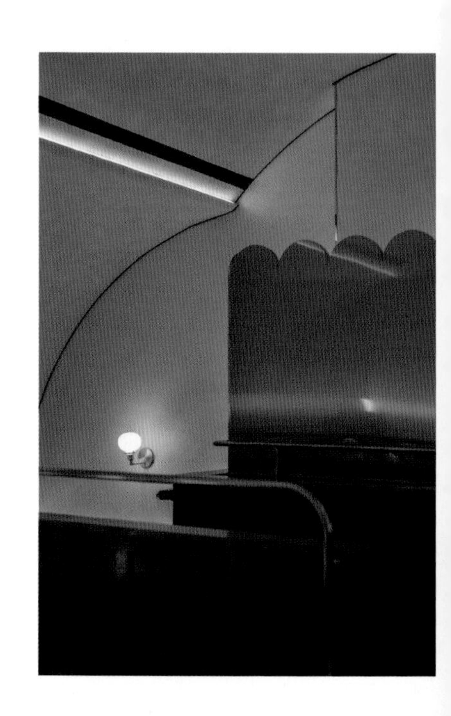

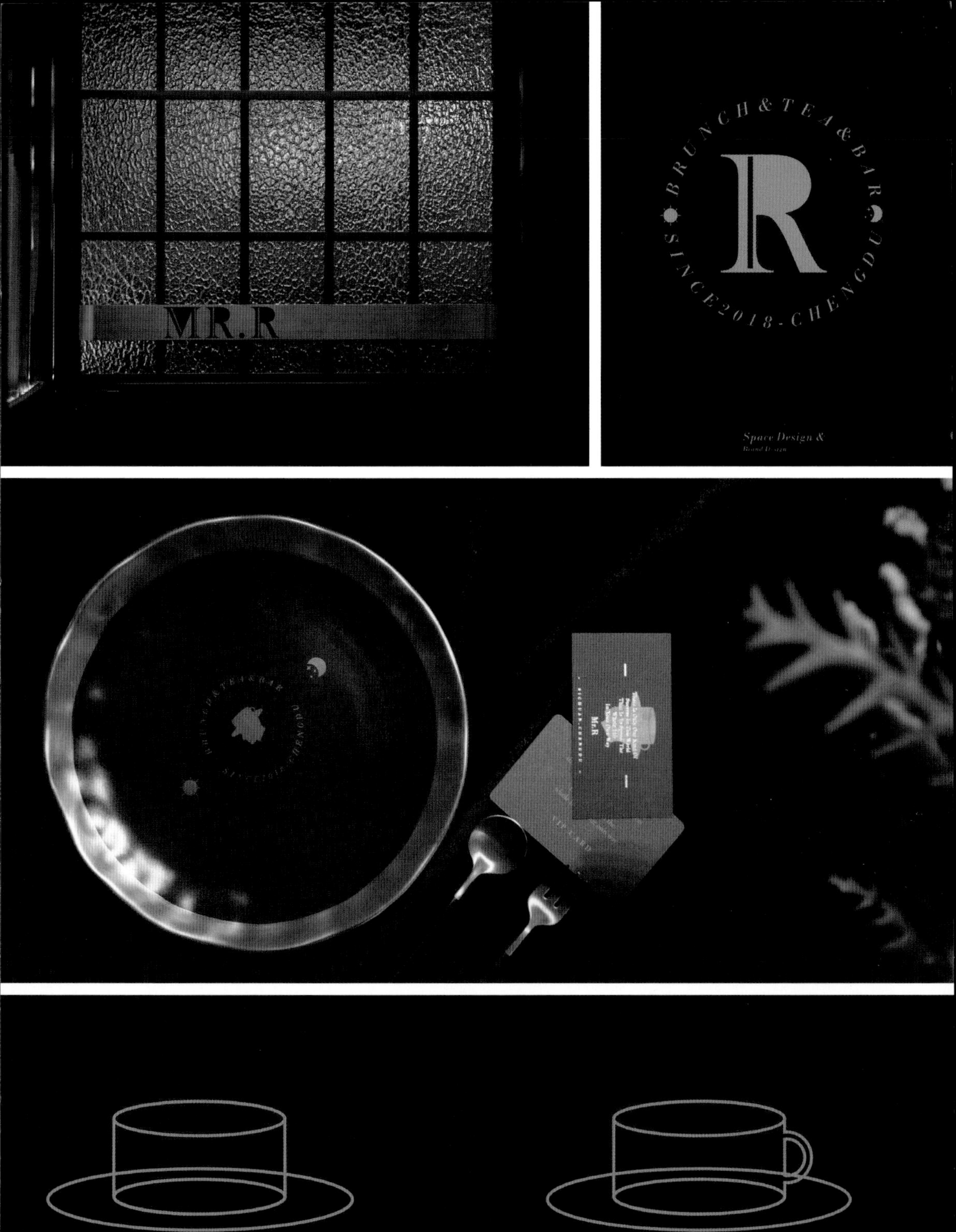
MR.R
BRUNCH&TEA&BAR
R
SINCE2018-CHENGDU
Space Design &
Brand Design

Kangding, China

# Pine Cafe

## 青稞 /
## 中国，康定

**地域因素展现品牌在地性**

青稞，是一家起源于藏地门户——康定的咖啡馆，在这座不足 10 万人的小城中，却有着多种文化交融的体系。

**设计机构：**果术品牌事务所 **设计总监：**陈紫阳 **设计师：**舒敏，唐琴 **客户：**青稞

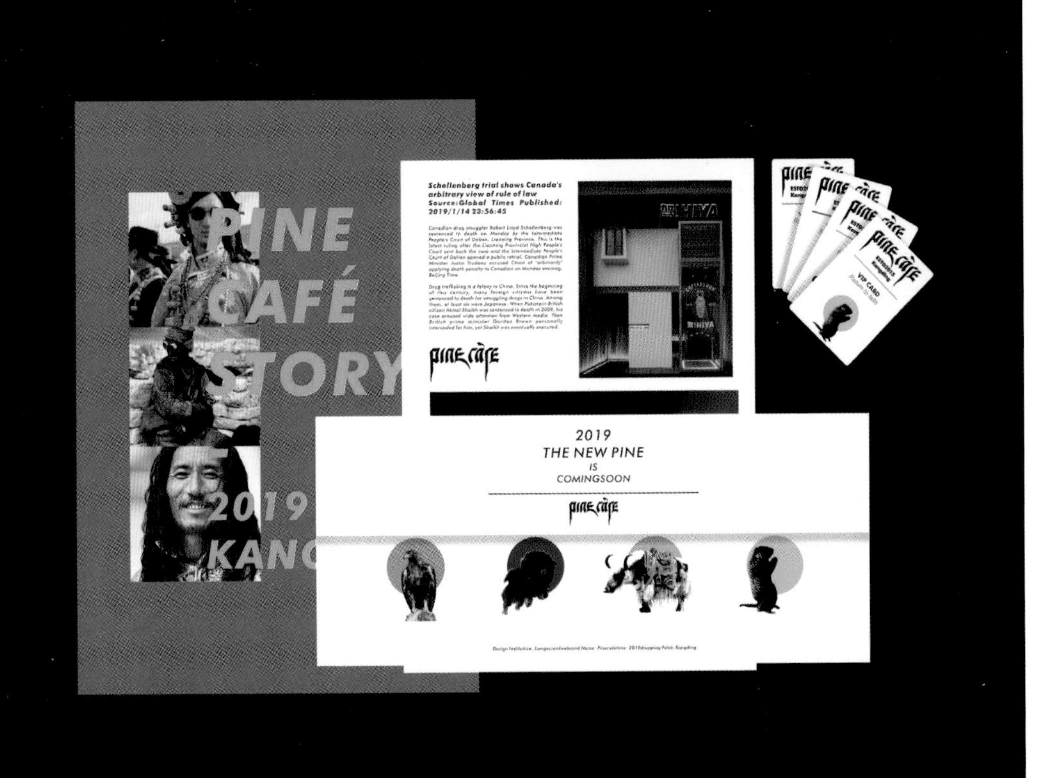
PINE
CAFÉ
STORY
2019
KANG
Schellenberg trial shows Canada's arbitrary view of rule of law
Source:Global Times Published: 2019/1/14 23:56:45
pine cafe
2019
THE NEW PINE
IS
COMINGSOON
pine cafe
VIP CARD

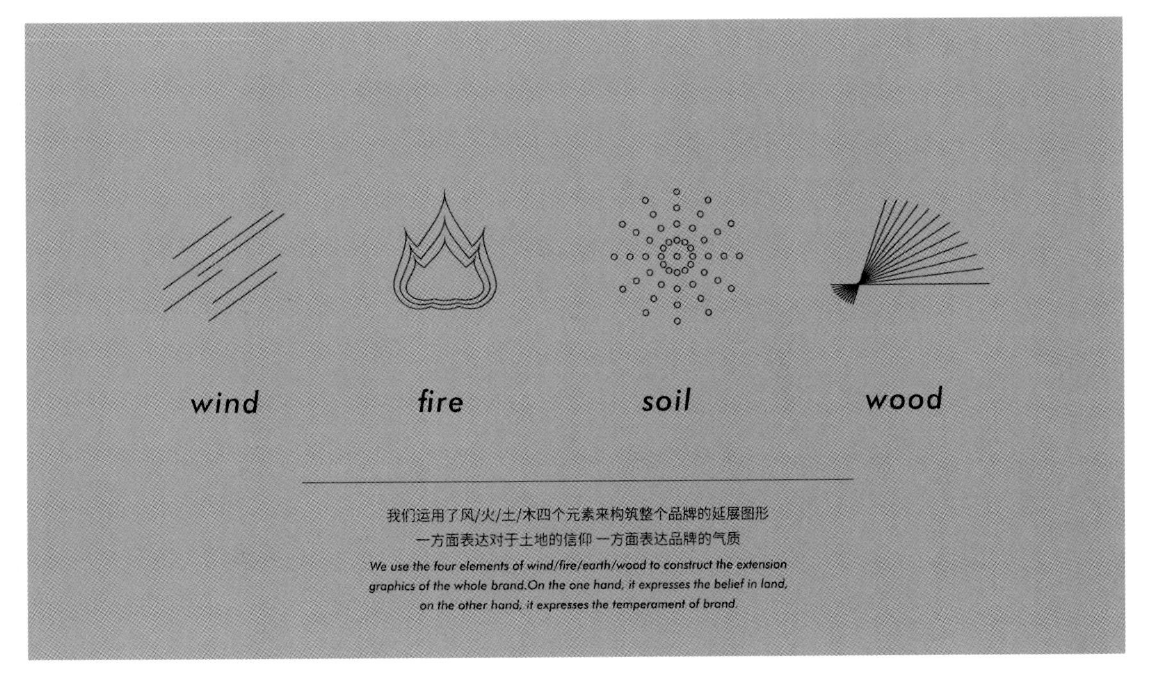
wind
fire
soil
wood
我们运用了风/火/土/木四个元素来构筑整个品牌的延展图形
一方面表达对于土地的信仰 一方面表达品牌的气质
We use the four elements of wind/fire/earth/wood to construct the extension graphics of the whole brand.On the one hand, it expresses the belief in land, on the other hand, it expresses the temperament of brand.

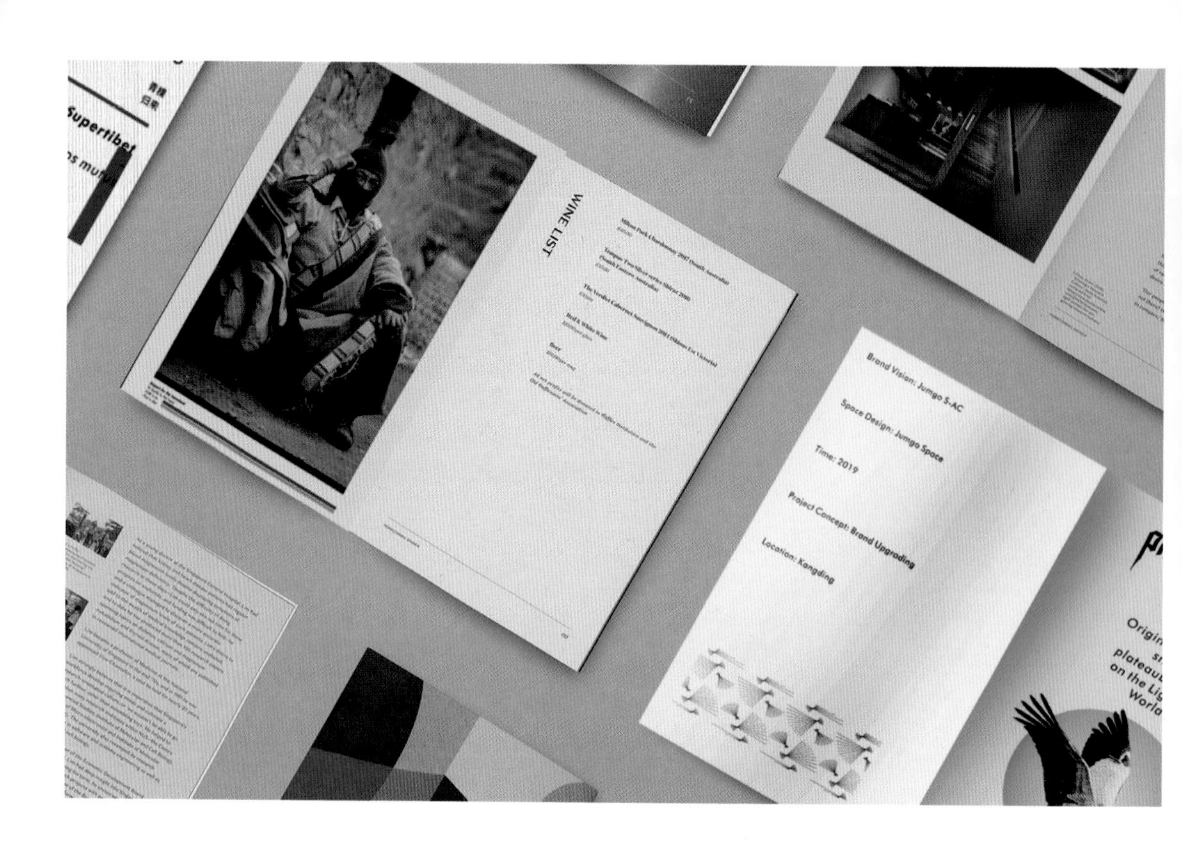


一首《康定情歌》将这座小城带向了世界，而青棵正是这座小城中一个面向世界的窗口。设计团队运用波普主义的手法来表达品牌的藏文化，从地域因素中提炼了风、火、土、木四大元素来体现品牌应有的在地性。

而四大元素分别对应藏地的 4 种动物，代表风的雪貂、 代表火的藏獒 、代表土的牦牛以及代表木的土拨鼠，由此也衍生出 4 种具有藏地文化的色彩。

而将这一切的元素融入品牌的时候，设计团队希望品牌是独立的、不可复制的，而且是拥有自身艺术气息的。设计团队希望青棵会成为一个地域的守望者，起源于雪域高原，落地在灯火人间。

PINE CAFE
Pinecafe
Is not a
religion
But
they
have faith

Himalayana
Marmota
2019
THENEW
PINECAFE
IS
COMING
青稞
归来
Respect for
the homeland
It's loyalty to
the heart.
Faith is so.
Pine is also
Design Institution:
Jumgocreative
Brand Name:
Pinecafe
Time: 2019
Dropping Point:
Kangding
PINE
CAFÉ
STORY
–
2019
KANGDING

Beijing, China

# Beijing Aroma

京九里 /
中国，北京

“安得香传九里”

京九里

BEIJING AROMA

京九里是一家位于北京天坛德必产业园区的中式咖啡馆。咖啡馆的主人是一位土生土长的北京人，这家咖啡馆不仅是一家追求品质的餐饮店，也是与朋友聚会、享受生活的空间。

京九里取自“安得香传九里”，指的是咖啡和茶的醇香香飘不散、传播九里。原料品质高，口感好。毛笔字的潇洒随性和中式餐厅环境相搭配，充满了文化气息又不失年轻活力。手捧咖啡的仕女图插画为品牌添加了一些趣味和幽默。一杯相传古今的咖啡，甚是走心，值得推荐。

**设计机构：**北京再作品牌管理有限公司

京九里
BEIJING
AROMA
一杯，品一座城。
A CUP, A CITY.

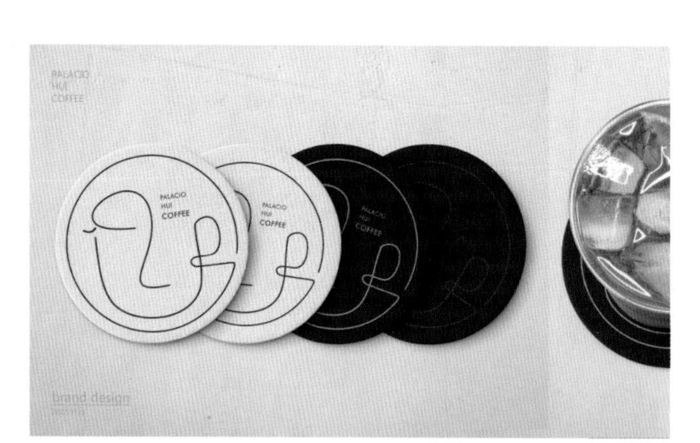

Xiamen, China

# Palacio Hui Coffee

## 惠公馆 / 中国，厦门

给自己一杯慵懒的时光

在创作之初，设计团队调研了不同的咖啡品牌。咖啡品牌的基础定位有如星巴克的商务、左岸的文艺、雀巢的亲民大众、雅哈的年轻娱乐，设计团队想找到一个新词语作为咖啡属性的关键词。设计团队意识到，当代人是渴望成功但压力巨大的一代，会产生焦虑感、拖延症、挫败感、自我怀疑等。而设计团队希望打造的咖啡店，让当代人找到归属，既想打造一个高品质的产品，也想塑造一个闲暇的氛围。于是大胆地启用了慵懒这样的词语，这个看似本属于贬义词的词汇，在一个恰当的品牌诉求里，反而有了新的魅力与合理性，它仿佛在安慰消费者放轻松，停下脚步稍作停歇，这里是你卸下烦恼与压力的好去处。

**设计师和插画师：**俞振江（子非乌鸦品牌设计）**出品：**前线思维

給自己一杯慵懶的時光

GIVE YOUSELF A CUP OF LAZY TIME

Shanghai, China

**申报馆 /**
**中国，上海**

**老上海的记忆**

匾额上题字“Since 1872”，让所有踏进申报馆的人们心中油然升起一种历史的仪式感。正是怀着这样的情感，设计团队在此将申报馆以简洁、优雅、隽永的设计重现往日的光辉。申报馆曾是近代中国发行时间最长、影响最大的报纸《申报》的大楼。在 1949 年 5 月 27 日《申报》停刊后，大楼转给《解放日报》使用，现在被列为上海市优秀近代建筑保护单位。咖啡店于 2014 年入驻， 如何平衡历史的厚重感与咖啡店的休闲氛围成为整个设计的关键。

“The Press ”的命名既取自咖啡基底“Espresso”中的“press”，更是有对过去《申报》的致敬。设计团队将刊头申报馆三字拓印在二楼中厅的墙体上，成为整个空间的焦点。整个室内尽可能保留原有的雕花穹顶及钢筋水泥柱，并搜集申报馆百年来的老照片作为装饰。为了平衡厚重的历史感，设计团队选用纤细轻巧并充满现代气息的字体来呈现标识设计，并应用在外墙标识、餐具、纸巾、纸杯、菜单、围裙上。玻璃窗上的“Press Please”向顾客递出邀请——推开大门，让老上海的记忆和摩登都市的新故事在这里交织、谱写。

**设计机构：**呈合创意设计（上海）有限公司 **创意总监：**邓绍洪 **设计师：**约翰尼·哈鲁

申報館
THE SHUN PAO
1872
CHINESE DAILY NEWS

PRESS
PRESS

PRESS

Shanghai, China

# Ocean Grounds Coffee Roasters

**Ocean Grounds 香港广场店 / 中国，上海**

**演绎弹性空间**

成长在美国加利福尼亚州的店主吉姆·李有一个心愿——在上海开一家“日间是咖啡店，夜间是鸡尾酒吧”的弹性空间 Ocean Grounds。为了实现这种白天黑夜的自由切换，设计团队将 Ocean Grounds 畅想为一个轻松而流畅的聚会空间，利用丰富的纹理和抽象的艺术壁画，在白天的自然光线和温暖的夜晚场景中顺畅流转。

沿加利福尼亚海岸线的文化的多样性是整个项目的指引，为了凸显“黄金之州”的繁华气息和海岸文化，设计团队手工建造了一个独一无二的中央焦点——艺术墙由 52 块滑板制成，向 Ocean Grounds 精湛的咖啡技艺以及品牌理念中的“Truth in Coffee”致敬。加利福尼亚州的蓝天碧海透过艺术的笔触转化出抽象的力量，激活整个空间的能量场。设计团队选择普鲁士蓝作为品牌的底色，通过几处关键元素来强调 Ocean Grounds 根源的沿海文化，包括名片、工作人员的帽子和制服、遮阳篷以及酒吧区域 Discovery Bar 标牌的设计。店主希望通过推广有机特种咖啡来保存大自然的恩赐。为了赞颂这场冒险之旅，设计团队在标牌上绘出深蓝海浪和点点繁星，象征着 Ocean Grounds 作为咖啡工匠如星辰大海般的未知征途。

**设计机构：**呈合创意设计（上海）有限公司 **创意总监：**邓绍洪 **设计师：**约翰尼·哈鲁，徐慧婕 **摄影：**Ocean Grounds 香港广场店

DISCOVERY BAR

图书在版编目（CIP）数据

漫食光 ： 茶饮店与咖啡店品牌设计 / （ 哥伦 ） 卡洛斯・加西亚编 ; 张晨译 . — 沈阳 ： 辽宁科学技术出版社， 2021.7
ISBN 978-7-5591-2019-9

Ⅰ . ①漫… Ⅱ . ①卡… ②张… Ⅲ . ①茶馆－室内装饰设计②咖啡馆－室内装饰设计 Ⅳ . ① TU247.3

中国版本图书馆 CIP 数据核字（2021）第 060985 号

---

出版发行：辽宁科学技术出版社
（地址：沈阳市和平区十一纬路 25 号 邮编：110003）
印 刷 者：上海利丰雅高印刷有限公司
经 销 者：各地新华书店
幅面尺寸：170mm×240mm
印 张：13.5
插 页：4
字 数：200 千字
出版时间：2021 年 7 月第 1 版
印刷时间：2021 年 7 月第 1 次印刷
责任编辑：杜丙旭 关木子
封面设计：关木子
版式设计：关木子
责任校对：韩欣桐

---

书 号：ISBN 978-7-5591-2019-9
定 价：128.00 元

联系电话：024-23280035
邮购热线：024-23284502
http://www.lnkj.com.cn
Email: designmedia@foxmail.com